U0256375

百科经典科普阅读丛书

元素的世界

北京大学化学与分子工程学院 编著

中国大百科全书出版社

图书在版编目（CIP）数据

元素的世界／北京大学化学与分子工程学院编著
. --北京：中国大百科全书出版社，2021.8
（百科经典科普阅读丛书）
ISBN 978-7-5202-0869-7

I. ①元… II. ①北… III. ①化学元素-普及读物
IV. ①O611-49

中国版本图书馆CIP数据核字（2020）第241058号

出 版 人：刘国辉
责任编辑：韩晓玲　杜晓冉
内文插图：石　玉
封面设计：吾然设计工作室
责任印制：邹景峰
出版发行：中国大百科全书出版社
地　　址：北京市西城区阜成门北大街17号　　邮编：100037
网　　址：http: //www.ecph.com.cn　　电话：010-88390718
图文制作：北京博海维创文化发展有限公司
印　　刷：北京汇瑞嘉合文化发展有限公司
字　　数：170千字
印　　张：8.5
开　　本：889毫米×1194毫米　1/24
版　　次：2021年8月第1版
印　　次：2021年8月第1次印刷
书　　号：ISBN 978-7-5202-0869-7
定　　价：68.00元

《元素的世界》编委会

学术顾问 徐光宪 高 松 刘虎威 王剑波
裴 坚 吴 凯 黄建滨 李子臣

主　　编 马玉国 李 彦

副 主 编 于 峰 韩 冬

执行主编 韩 冬 戴小川 张欣睿

编　　委（按姓氏笔画排序）

王文韬 王茂林 王泽淳 方润亭
冯旭辉 师 安 光 洁 华 炜
李 琛 沈星宇 张绍然 张 腾
陈少闯 武江波 赵秋辰 赵晓堃
侯 觉 姚艺希 党 曦 徐科瑞
高 昂 黄纯熙 彭德高 冀 怡等

丛书序

科技发展日新月异，“信息爆炸”已经成为社会常态。

在这个每天都涌现海量信息、时刻充满发展与变化的世界里，孩子们需要掌握的知识似乎越来越多。这其中科学技术知识的重要性是毋庸置疑的。奉献一套系统而通彻的科普作品，帮助更多青少年把握科技的脉搏、深度理解和认识这个世界，最终收获智识成长的喜悦，是“百科经典科普阅读丛书”的初心。

科学知识看起来繁杂艰深，却总是围绕基本的规律展开；“九层之台，起于累土”，看起来宛如魔法的现代科技，也并不是一蹴而就的。只要能够追根溯源、理清脉络，掌握这些科技知识就会变得轻松很多。在弄清科学技术的“成长史”之后，再与现实中的各种新技术、新名词相遇，你不会再感到迷茫，反而会收获“他乡遇故知”的喜悦。

“百科经典科普阅读丛书”既是一套可以把厚重的科学知识体系讲“薄”的“科普小书”，又是随着读者年龄增长，会越读越厚的“大家之言”。丛书简洁明快，直白易懂，三言两语就能带你进入仿佛可视可触的科学世界；同时丛书由中国乃至世界上最优秀的一批科普作者擎灯，引领你不再局限于课本之中，而是到现实中去，到故事中去，重新认识科学，用理智而又浪漫的视角认识世界。

丛书的第一辑即将与年轻读者们见面。其中收录的作品聚焦于数学、物理、化学三个基础学科，它们的作者都曾在各自的学科领域影响了一整个时代有志于科技发展的青少年：谈祥柏从事数学科普创作五十余载、被誉为“中国数学科普三驾马车”之一；甘本祓创作了引领众多青少年投身无线电事业的《生活在电波之中》；北京大学化学与分子工程学院培养了中国最早一批优秀化学专业人才……他们带着自己对科技发展的清晰认知与对青少年的殷切希望写下这些文字，将一幅幅清晰的科学发展脉络图徐徐铺展在读者眼前。相信在阅读了这些名家经典之后，广阔世界从此在你眼中将变得不同：诗歌里蕴藏着奇妙的数学算式；空气中看不见的电波载着信号来回奔流不息；元素不再只是符号，而是有着不同面孔的精灵，时刻上演着“爱恨情仇”……

愿我们的青少年读者在阅读中获得启迪，也期待更多优秀科普作家的经典科普作品加入到丛书中来。

中国大百科全书出版社

2020年8月

写在前面的话

中央人民广播电台有一档科学普及节目，叫作“科学知识”。在20世纪六七十年代，“科学知识”有两个忠实的听众，一个是作家夏衍，一个是科学家钱学森。

夏衍当时是文化部电影局局长。在一次座谈会上，我听见夏衍在那里谈电脑、激光、人造地球卫星、人工合成蛋白质等等，头头是道。他笑道，他的这点“本钱”，是从广播里听来的。作为文学作家，他每天都收听中央人民广播电台的“科学知识”节目，借以了解科学的动态。

钱学森也“每日必闻”——每天早上准时收听中央人民广播电台的“科学知识”节目。有一次，有人当面“考”他，今天早上的“科学知识”广播什么？钱学森脱口而出：“讲的是南京天文台的趣事。”钱学森是大科学家，为什么还要收听“科学知识”节目呢？他说，专家只在他的专业范围内是“行家里手”，专业以外的知识需要从科普作品中汲取。钱学森天天听“科学知识”节目，他深知专家也需要科普的道理。

就连夏衍、钱学森都自觉接受科学普及，千千万万的普通民众更需要科学普及。正因为这样，得知北京大学化学与分子工程学院师生继创作了化学读物《分子共和国》之后，又写出了《元素的世界》一书。作为校友，我深为化学与分子工程学院师生从事化学科普读物的热忱所感动。

化学元素是大自然的基石。《元素的世界》以化学元素为切入口，普及化学的基础知识。《元素的世界》采用“元素列传”这样的手法，写出一个个化学元素的小传，讲述这一元素的发现史、特性、用途，使读者获得关于化学元素的方方面面的知识。

读了《元素的世界》，使我记起苏联依·尼查叶夫著的《元素的故事》(滕砥平译)。尼查叶夫原名雅可夫·潘，写作《元素的故事》时他是一个青年作者。写完书以后，就参加了苏联卫国战争，于1941年牺牲在战场上，这时《元素的故事》出版才一年。《元素的故事》写的是化学元素发现史。这样的科普读物，原本很容易流于平铺直叙的编年史。尼查叶夫却把它写得波澜起伏，引人入胜。苏联科学院院士谢苗诺夫称赞它是“一本趣味浓厚的探险小说，小说的主人公是人类的思想，探险的场所是科学家的实验室”。尼查叶夫的生命虽然是那么短暂，但是他的《元素的故事》却成为不朽之作、经典之作，至今仍在中国一版再版，在2009年还印了上万册，由此可见优秀化学科普读物的生命力和受读者欢迎的热烈程度。

《分子共和国》和《元素的世界》无疑将成为北京大学化学与分子工程学院师生的化学科普创作的良好开端。愿在北京大学化学与分子工程学院师生之中，出现更多的尼查叶夫，写出更多更好的化学科普佳作。

叶永烈

2010年4月3日上海

目录

笔记栏

1. H 氢 Hydrogen

我是一个精灵，我的英文名 Hydrogen 来自希腊文 Hydro- 和 Genēs，意思是组成水的元素。早在 1783 年化学家们就发现水是由我和氧组合而成的啦。我的质量很小很小，我的体积也很小很小，每次我看到我的兄弟姐妹们，都会小小地自卑一下：为什么我不能生得强悍一点呢？但是很奇怪，虽然我这么小，可是他们都喜欢跟我玩，比如氧和碳，成天喜欢跟我在一起，我们的宇宙超级无敌组合已经占领了世界。我存在于你周围的每一个地方，比如你脚下的大地。虽然从质量上看，我只占了……占了 1%（真不好意思说出口），可是我在地壳中的丰度还是很高的，原子组成占 15.4% 呢。还有水啊，空气啊，反正到处都是我的影子。在你不熟悉的太阳的大气中，我的质量占了 70% 还要多，整个宇宙空间中，我的原子数总和比其他所有元素的总和都要大。怎么样？镇住你了吧！

虽然我很小，但是我在生命科学、高分子科学等领域都具有极其重要的作用，这是因为我有特殊的成键方式——氢键。虽然我只有一个价电子，只能形成一根共价键，但是我却可以形成多种多样的氢键，这种强于一般分子间作用力但弱于化学键的结合形式作用巨大。比如在哺乳动物毛发中普遍存在的蛋白结构——α 螺旋就存在规律的氢键来稳定这个巨大的蛋白分子结构。同时也正是因为庞大的氢键网络，水才能以如此小的分子量而得到这么高的沸点，实际上这也是人类赖以生存的基础之一。

顺带一提，虽然我的质量很小，但是威力却很大哦。尤其是我的两位孪生

笔记栏

哥哥氘和氚（氢的同位素），他们是热核反应的主要原料。如果制成武器，那就是能“排山倒海”的氢弹；如果能够以可控的形式释放能量为人类所用，那么人类在很长时间里就再也不用担心能源危机的问题了。鉴于此，可控式核聚变是现在很重要的研究前沿之一。

至于我，我的能量虽然比不上两位亲哥哥，但是我也是新能源领域的重要成员。我的元素储量巨大，如果能将我高效提取出来，并善加储存，那么我将是一种极其清洁的燃料。清洁燃料的普及将大大改善来自化石燃料的污染问题。现在这方面的研究已经有不少进展了，相信不久的将来，氢能源汽车等一系列清洁能源产品必将走入千家万户。

我就是大名鼎鼎的氢。在元素周期表上，我排在第一位。

我的其他逸事，估计大家都多少知道一些吧？那我就先说这么一点开场白。休息一下，嘻嘻。

（Flyingbaby，方润亭）

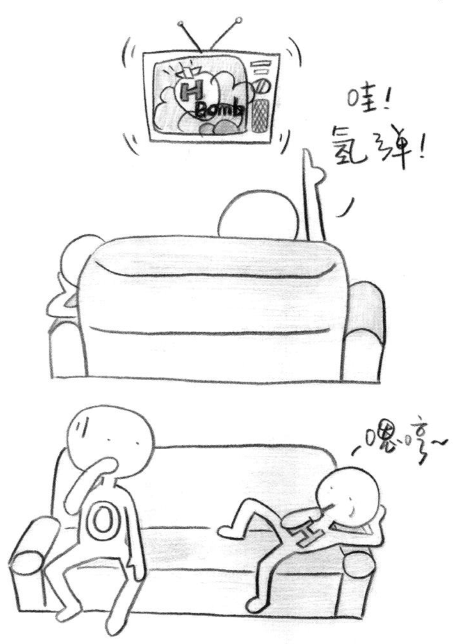

笔记栏

2. He 氦 Helium

大约 150 亿年前，宇宙发生了巨大的爆炸。随着时间的推移，宇宙不停地膨胀，同时也慢慢冷却下来，继光子、电子、中微子这些基本粒子之后，我和氢也终于诞生了。虽然，我和氢在元素周期表上只相差了一位，大家也是同时诞生的，不过我却比他懒得多，经常独来独往。

在元素周期表上我排名第二，但直到近代，我才被人们逐渐认识。

1868 年，法国天文学家 P.-J.-C. 让桑在观察日全食时，就曾在太阳光谱上观察到一条黄色的谱线，相当于一种未知新元素。而在同时，英国天文学家 J.N. 洛基尔也观测到这条黄色谱线。当时天文学家认为这条线只有太阳才有，并且还认为是一种金属元素，所以洛基尔把这个元素取名为 Helium，这个名字是由两个部分拼起来的，Helios 是希腊文太阳神的意思，后缀 -ium 是指金属元素。中文就译为氦了。1895 年，英国化学家 W. 拉姆齐和 M.W. 特拉弗斯合作，用硫酸对沥青铀矿进行处理，放出了一种不活泼的气体，用光谱鉴定就是我。这证实了地球上也有我的足迹，而且我是非金属元素。

我在空气中含量为 0.0005%（体积），在地壳中的含量也极少，宇宙才是我的“主场”，按质量计有 23%，仅次于氢。世界上仅有少数几个地方含有高比例的氦气可供提取，主要位于美国、波兰、阿尔及利亚和俄罗斯。现代工业大都是从含 7% 氦的天然气中提取我的。

作为一个懒惰的元素，也是一个懒惰的气体，我有不少独特的性质。

密度 0.1785 克/升（0℃，1×10^5Pa）——是除氢气以外密度最小的气体；

笔记栏

在水中溶解度是 8.8 厘米^3/千克水——是已知的溶解度最小的气体；

沸点 −268.9℃——是最难液化的气体；

熔点 −272.2℃（25 个大气压）——唯一常压下不能固化的物质。

虽然我很懒惰，但正是这些独特的性质，使我在不少领域，默默无闻地贡献着力量。

由于我很“轻”，又不会燃烧、爆炸，使用的时候非常安全，人们便开始用我来代替氢气填充气球或飞艇的气囊。而且我的表现并不比氢气差多少，用我填充的飞艇上升能力大约是同体积氢气填装飞艇的 93%。我也可以混在塑料、人造丝、合成纤维中，制成非常轻盈的泡沫塑料、泡沫纤维。

我是水中溶解度最小的气体，因此能防止出现深海麻痹现象。过去当潜水员潜入海底时，由于深海压力很大，吸进体内空气中的氮气随着压力的增加大量溶解在血液中，在高压下氮分子会融入神经细胞而造成不同程度的麻醉。在 30 米水深的压力下停留一个小时以上，人体就会开始产生所谓“氮醉”的麻痹现象。但若使用纯氧，又会引发人类脑部的氧中毒。人们将我与氧气混合，

笔记栏

制成“人造空气”（79% 的氦气，21% 的氧气）来供给潜水员呼吸。而且我比氮气分子小得多，扩散速度约是氮气的 2.6 倍，能有效缩短减压上升时间。现在，这种“人造空气”也常用来医治支气管气喘和窒息等疾病。因为“人造空气”的密度只有空气的 1/3，呼吸时要比吸空气轻松得多，可以减少病人的呼吸困难。

我很难被液化，但液氦能提供良好的低温氛围，因此低温工业、低温实验中常常有我的身影；我是最不活泼的元素，可作为保护气。在工业上焊接金属镁、铝、钛和不锈钢时，我与同族的氩一起提供惰性氛围；我的性质与理想气体接近，所以是精密气体温度计理想的填充材料。

液态状态下的我有更多与众不同的性质。液态的我存在两种性质显著不同的相：氦 I 和氦 II。大家都知道装在玻璃杯的水是不能沿玻璃壁向外“爬”的。可是氦 II 却能够沿着玻璃杯的壁“爬”进去或者“爬”出来。这是在我们日常生活中没有碰到过的现象，只有在低温世界才会发生。这种现象称为超流动性，具有超流动性的氦 II 称为超流体。

地球能源问题越来越严重。我的同胞兄弟氦 -3（自然界中存在的大多是氦 -4）作为新能源之一也开始受到人们的重视。很多科研人员视氦 -3 为 21 世纪的完美能源。他发电量大、效率高、无污染，几乎没有放射性副产物，适合作为宇宙飞船和星际飞行器的能源。只不过地球氦 -3 含量少，不能满足大量使用。但科学家估计，月球上有 100 万吨的氦 -3，这足以满足地球数千年的需要。

（沈策，李琛）

笔记栏

3. Li 锂 Lithium

大家好，我叫锂，英文名是 Lithium，是一种金属元素。大多数金属元素的英文名都是以 -um 或者 -ium 的词缀结尾的，比如我的右邻居铍（Beryllium）和下边的钠弟弟（Sodium）。

我和氢、氦是最早诞生在这个世界上的元素，宇宙刚从奇点爆炸出来的那一瞬间，我们兄弟仨就弥漫在空间中了，而其他的兄弟姐妹却差不多比我们晚了三分钟才出生。虽然我的辈分比较大，但我的块头（原子半径）比起同族的弟弟妹妹们却显得比较小。这是我们家族的一个遗传规律：排行越是靠后的弟弟妹妹，最后长成的块头就越大。我们可怜的氢大哥，只长了那么个“娇小”的身躯，不过我们还是很爱他的，弟弟妹妹们都能和他反应，形成丰富多彩的氢化物。我还好，虽然比较瘦，但体型还算健美。氧弟弟最调皮了，他一生气，就要和我一起燃烧，生成白色的氧化锂。

笔记栏

我是所有金属中辈分最大的，也是最轻的。金属状态的我长年穿着一件银白色外套，而在自然界中，我一直以化合物的形式在矿石和海水中嬉戏玩耍，不为你们人类所知。后来瑞典的科学家 J.A. 阿弗韦聪趁我睡觉时把我从透锂长石里边找了出来。现在想想，我真的好后悔啊，千不该万不该，当时不该在那块石头里边睡觉。就因为这，阿弗韦聪的老师 J. J. 贝采利乌斯给我起了个超级土的名字—— Lithium，就是希腊文石头（Lithos）的意思。

在家里，我和氢哥哥、钠弟弟、钾弟弟他们住一个房间。我和氢哥哥关系最铁，能形成稳定的氢化锂，不像其他调皮的弟弟，天一热他们就赶紧分解跑开了。而我呢，即使热得我和氢哥哥都熔化了，也不舍得和他分开。铝弟弟也是我和氢哥哥的死党，氧弟弟老是和碳弟弟在一起玩，我们三兄弟就经常去捉弄他们，哈哈，谁叫氧弟弟那么调皮呢。其实镁弟弟跟我性格挺像的，爸妈却偏偏把他分到钙弟弟他们那屋，可能是怕我们四个在一起就无法无天了吧。为了维护我们的关系，爸妈特地提出了“对角线规则”，意思是在元素周期表中，某些主族元素与右下方的主族元素的有些性质是相似的。

虽然我喜欢玩，可是也为你们人类做了不少的事呢，而且有的事没有我老锂就不能摆平呢。现在我正藏在你们的手机电池里，把那些调皮的电子精灵搬来搬去，从而为手机供电。要是没有我的劳动，你们的手机很快就会没电！有时我和硬脂酸根一起跑到你们的润滑剂里去，发挥着神奇的功效。不是我自吹自擂，外国人管我们叫多功能高温润滑剂呢。往大了说，我还能在核聚变中一展身手呢。我的孪生兄弟锂 -6，他有三个中子，如果再和一个中子精灵碰一下，就会变成氢哥哥的孪生兄弟氚，他可是能参与核聚变，为你们人类将来提供能量的主要原料之一。我和碳酸根的组合更是可以有效地治疗人类的抑郁症，造福大家呢。

（CCMElj，武江波）

笔记栏

4. Be 铍 Beryllium

我叫铍，英文名是 Beryllium，也是一种金属元素，在自然界中主要存在于绿柱石中。大家要记住哦，除了氢哥哥那一行，元素周期表的每一行最开始几个元素都是金属元素，并且随着周期数的增加，每一行的金属元素数目也在增加。等到了最下面几行，可以说全部都是我们金属元素的天下了！

祖母绿中的秘密

祖母绿在世界上的产量极为稀少，曾经有人估计，每 100 万颗绿柱石矿物中，仅有 1 颗是祖母绿宝石。所以祖母绿是绿色宝石的代表，更是矿物中的珍品。人们将祖母绿定为 5 月的生辰石和结婚 55 周年的纪念石，它被视为幸福、忠诚、长久、善良和幸运的象征。但是，这个神奇的宝石里，究竟隐含了什么样的秘密呢？

祖母绿的元素分析曾经困扰了 18 世纪的数位科学家，而法国科学家 N.-L. 沃克兰通过日复一日艰苦的研究，最终揭开了祖母绿的面纱。从农村少年成长为化学家，沃克兰经历了颠簸的人生。铍、铬的发现以及 300 多篇的学术论文，成就了他 40 年的学术生涯。无机化学、有机化学、生物化学……几乎所有的领域，他都有涉及，而其中最出色的就是矿物研究。

在 18 世纪中后期，人们还不知道祖母绿就是略含铬的绿柱石的一个变种。学者们分别做过不少研究，直到 R.-J. 阿维比较研究了二者的晶体结构、硬度、密度之后，才认定二者实乃同一种矿物。阿维还请沃克兰教授再做进一步化学分析。1798 年，沃克兰教授根据化学分析的结果，他指明二者的化学组分相当一致，还进一步指明原来认为是铝土的组分中，都含有一种新的土质，这种土质的性质与铝土不同：不能溶于过量的苛性钾（氢氧化钾）溶液，但可溶于碳酸铵；硫酸盐也不能与硫酸钾形成明矾，前人分析时并未发现这一差别。由于此土带有甜味，当时著名的化学家们建议命名为 Glucinium。后来 M.H. 克拉普罗特为了与也有甜味的钇土相区别，以 Beryl（绿柱石）为根，将这个新元素命名为 Beryllium。

沃克兰教授一生未婚，他把自己生活中的每一天、每一天中的每一刻都奉献给了化学。他本人的成就是巨大的，并且为后来人开拓了前进的道路，促进了近代化学的发展。

笔记栏

铍和苍蝇的邂逅

一个阳光明媚的日子，德国科学家 R.W. 本生依旧在他的实验室里忙碌着，他把粘有铍的沉淀物滤纸放在阳光下暴晒。这位伟大的科学家，正在想尽办法测定这个神奇元素的原子量。一切放置妥当了，本生转过身去做别的事情。就在那个时候，意想不到的事发生了……

一只苍蝇飞过来，不偏不倚地落在滤纸上。而更令他心寒的是，苍蝇正在贪婪地吮吸着有甜味的铍……本生慌了，他跃起身朝苍蝇飞扑过去，可是苍蝇被惊起，在实验室里飞旋。一场真正的追捕开始了，本生的学生们听到他的叫喊，纷纷赶来助阵，苍蝇最终落入了本生的“法掌”。他小心翼翼地把苍蝇放在白金坩埚里焚化，然后将留在埚底的物质细心地搜集起来，称出它们的重量。本生把这个重量加入滤纸上沉淀物的总数中，从而得出了化学元素铍的精确原子量。

（Flyingbaby，武江波）

笔记栏

5. B 硼 Boron

硼凭借着多种多样的存在形式，巧妙地躲在人类生活的各个角落，罕为人知却功勋卓著。

人类最早利用的含硼化合物是硼砂（一种白色的有毒粉末），其化学组成为 $Na_2[B_4O_5(OH)_4]\cdot 8H_2O$，人类利用硼砂可追溯到古埃及时期。古埃及人制造玻璃时就是以硼砂为主要原料来烧熔得到的，这也是硼名字的由来（硼砂 Borax →硼 Boron）；在中国，智慧的先民们则用硼砂来使瓷器的釉不易脱落、更具光泽；在中世纪的欧洲也存在使用硼砂记录。不过直到 19 世纪初，都没有谁能从含硼化合物中把单质硼揪出来。

第一个制备出单质硼的是英国化学家 H. 戴维。1808 年，他通过电解熔融的三氧化二硼，得到了棕色的粉末硼；同年，法国化学家 J.-L. 盖－吕萨克等用金属钾还原无水硼酸也获得了灰黑色晶体形式的硼。但是，他们获得的硼都是不纯净的。直到 1892 年，法国化学家 H. 穆瓦桑在氢气中用镁还原三氧化二硼，获得纯度为 98% 的硼。1909 年 E. 温特劳布用氢和三氯化硼混合气流在水冷铜电极的电弧上还原，才最终制得高纯硼。

费尽千辛万苦才居住到一起的硼原子们当然不愿意轻易地被分离。他们每十二个一组，组成了一个大家庭（B_{12}），虽然只有三个价电子，但是他们把一对电子掰成三半一起花，组成了三中心两电子键 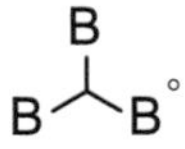 B(B)B。也正是这个原因，导致他们很难单独行动，因此单质硼晶体很稳定。有的时候氢来串门，他们也愿意和氢分享他们的秘诀，通过类似的三中心两电子键 B(H)B 形成庞大的硼烷家族。

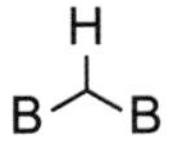

笔记栏

但是，绝大部分的硼没有那么幸运，他们只能外出给一些富有的元素（氮、氧、氟等）打工来维持生活。有的雇主比较仁慈，比如氮，形成各种形式的氮化硼时氮是给足了硼工资（电子）的；有的雇主比较残忍，比如氧会把硼的电子都抢光，形成三氧化二硼或者硼酸盐类化合物；而有的雇主简直是强盗，不但把硼的电子都抢光，甚至逼迫硼外出乞讨电子并且上交给他们，这类雇主就是卤素帮中的氟、氯、溴、碘，而他们与硼结合成的到处乞讨电子的 BX_3 化合物又被称为路易斯酸。

虽然硼的化合物有一大家子，可硼元素在地壳中的含量其实很低，仅有0.001%，其中大部分被氧剥削着以三氧化二硼形式存在。虽然含量很低，但硼作为农业、机械、化工、医药等领域的原料，在现代社会中又无处不在。硼酸可用于制备各种化工原料和某些杀虫剂，也可以充当织物的阻燃剂，很多床垫就是用硼酸浸渍来防止意外着火的；硼酸钠常添加于洗衣粉、漂白剂中，既能有效漂白又不影响纤维本身；硼酸和氨在高温高压下制得的氮化硼则是一种新型陶瓷，有着低热膨胀性、高自润滑性、绝缘性等优良性质，可以用于各种特种材料；碳化硼又称黑钻石，是最坚硬的物质之一，广泛用于坦克装甲、防弹衣。硼的一种同位素硼 -10 则是一种高效的热中子吸收剂，核电站中有硼 -10 制成的控制棒，用来控制中子数量，从而控制核裂变反应。

在生命领域中，也有硼的一席之地。硼是高等植物的必需元素，对植物的生殖过程起重要的作用，与花粉的形成、花粉管萌发及受精过程有密切关系。同时硼也是许多高等动物包括人类在内不可或缺的元素，在核糖核酸的形成、骨骼钙化等过程中起到独特的作用。

不像碳、氧、氢等大名鼎鼎的元素，硼作为生活中较少直接接触到的元素，我们只能从各种描述中窥见他隐秘的身影。但请大家别忘了，在元素周期表第二排第三列，有这么一位“硼”友。

（姚艺希）

笔记栏

6. C 碳 Carbon

我们碳虽然是自然界中含量不太多的元素之一，仅占地壳总质量的0.027%，但是我们碳家族无疑是这个生命世界中最最重要的，因为是我们构成了生命体分子的骨架，是我们支撑着整个有机物质的世界，是我们让这个世界更加丰富多彩！

我这么说，也许有人不信，那么，我就来介绍一下吧！

我有很多兄弟，其中老大金刚石我想大家早有耳闻了吧！他是天然物质中最硬的，人们把他装到机器上，用于加工坚硬的物质，什么金属、大理石、玻璃，只要在他脚下一过便被分割。又因他有极强的折射和散射能力，人们又把他加工成钻石，做成珍贵的装饰品。情侣们用他表达人间最纯真、最浪漫的爱情！二哥石墨，他和大哥极为不同，是最软的矿物之一，可以制成润滑剂；同时，因具有良好的导电性能，所以他可以作为干电池的电极；他还有许多其他用途呢，如制铅笔芯、坩埚等。

还有几个哥哥，他们虽然平时不怎么爱说话，但他们的贡献可不小。炭黑哥哥，可以制墨、油漆、颜料、鞋油；木炭哥哥，可以做燃料，制火药，冶炼金属，画画；活性炭哥哥，具有强的吸附性，可以净化气体和液体，比如用在防毒面具中，或用作去味剂、脱色剂等；还有焦炭哥哥，可以制水煤气，还可以用于冶金工业。

也许有人会问我是谁，嘻嘻，说出来你们可不要吃惊哦，我可是1991年被美国《科学》杂志评选的年度明星分子，同时我的发现者还在1996年获得了诺贝尔化学奖！对了，我就是 C_{60}！在 1985 年，我的发现可以说在化学界激起千层浪。英国萨塞克斯大学教授 H.W. 克罗托、美国赖斯大学教授斯 R.E. 斯莫利和 R.F. 柯尔在英国著名的《自然》杂志上发表论文，宣布他们在新泽西州艾克森的实验室中，利用激光轰击石墨，使石墨中的碳原子气化，然后让气态的碳原子冷却形成固态的碳原子簇，最后用飞行时间质谱仪进行分析，从质谱图上发现了由偶数个碳原子所形成的一系列的碳原子簇。因此，斯莫利和克罗托、柯尔共获 1996 年诺贝尔化学奖。

笔记栏

关于我的结构还有着一个神奇的故事呢！我和金刚石、石墨哥哥虽为碳的同素异形体，但是我的结构却和他们大相径庭。金刚石哥哥和石墨哥哥都是三维结构，他们都是一种巨型的大分子。从某种意义上来说，金刚石哥哥和石墨哥哥都以无限多的碳原子组成。然而，组成我的碳原子只有 60 个，是一个有限的、确定的数，我是单个有限的碳分子，不是一个大分子，因此，我不可能与金刚石哥哥、石墨哥哥有类似的结构。我到底是一个什么样的有限分子呢？我的分子结构的模型究竟是怎样的呢？这个问题使我的发现者们陷入冥思苦想之中。

正当克罗托、斯莫利、柯尔等人在热烈讨论着我的分子结构时，克罗托忽然想起了他曾经参观过的加拿大蒙特利尔世界博览会中的美国馆，这是一座外形奇特的穹隆建筑，犹如一个大球。这座建筑物给了克罗托等人很大的启发："C_{60} 会不会是一种球形分子？"从那以后，化学和建筑学这两门科学之间架起了一座金桥，而该馆的设计者美国建筑师 R.B. 富勒与我也结下了解不开的姻亲，因为我的正式名称为 Buckminster Fullerene，中文名为富勒烯。

怎么样，我是不是比我的哥哥们更厉害？呵呵，我可不是骄傲哦，不过我还有个更厉害的弟弟呢，你能猜出他是谁吗？他和我很像，只是比我高了许多，他是在科学家们制备我的过程中发现的，对了，他就是大名鼎鼎的碳纳米管弟弟！

由于有许多奇特的性质，碳纳米管弟弟成为新的一维纳米材料的研究热点。有了碳纳米管弟弟，我的地位就大不如从前了，唉！

笔记栏

碳纳米管是由类似石墨结构的六边形网格卷绕而成的、中空的“微管”，分为单层碳纳米管和多层碳纳米管。多层碳纳米管由若干个层间距约为 0.34 纳米的同轴圆柱面套构而成。碳纳米管的径向尺寸较小，管的外径一般在几纳米到几十纳米；管的内径更小，有的只有 1 纳米左右。而碳纳米管的长度一般在微米量级，相对其直径而言是比较长的。因此，碳纳米管被认为是一种典型的一维纳米材料。

碳纳米管弟弟有着奇特的导电性质，更神奇的是他还有非凡的力学性质。理论计算表明，弟弟应具有极高的强度和极大的韧性。由于碳纳米管中碳原子间距短、单层碳纳米管的管径小，使得结构中的缺陷不易存在，因此单层碳纳米管的杨氏模量据估计可高达 5 太帕，其强度约为钢的 100 倍，而密度却只有钢的 1/6。

好了，我的兄弟们都和大家见过面了，其实啊，由于我们碳家族与其他家族的互相通婚，还形成了许多小部落呢。比如，我的侄儿二氧化碳，他虽然不能支持燃烧，也不能供人呼吸，但是他可以灭火、造碱、造尿素、制汽水、作制冷剂等。还有许多亲朋好友们，如一氧化碳、碳酸钙、甲烷等，都各有用场。

（Hanzy，李琛）

笔记栏

7. N 氮 Nitrogen

悄悄的我走了
正如我悄悄的来
我挥一挥衣袖
不带走一片云彩
你知道这节诗是写给谁的吗？
对了，就是我。

我是谁

自我介绍一下，我就是化学大社区元素街道办事处氮居委会常务副主任氮气。你们常见到的 N_2 就是我。

为什么说上面那几句是写给我的？

我在空气里的体积，那可是占绝对多数，约有 78.1% 呢！但让大大小小的动物、植物一呼吸，吸进去多少呼出来还是多少，除了散点热啥也干不了，真是让人伤心，说到这几句，怎能不触景生情。更有甚者，徐寿老先生把我的英文名字 Nitrogen 译成中文时，曾经写成“淡气”，说我冲淡了空气中的氧气……我冤枉啊，作为一个还挺重要的生命元素，我巴不得你们直接把我吸收了转成氨基酸、核酸什么的，可是你们都没这功能啊。为了给庄稼啥的补充营

笔记栏

养，我可是每次下大雨都在外面挨雷劈，好生成点氮肥啥的，我容易么！结果还落了这么一个不咸不淡的名字，要是按原意“硝石的组成者”，多少还能跟萧峰萧大侠攀点亲戚不是？再者说要是空气里面全都是氧气也不是谁都活得下去。嗯，关于这个还是明天氧兄弟说吧。好在天生我材必有用，人家根瘤菌就跟我挺亲的，现在还有各种合成氨的方法，我氮气再也不只是靠惰性保护个钨丝，储藏个土豆什么的啦。

让我说说我们居委会的情况？

我们居委会，那可是个大家庭，价态上从 +5 到 −3 我们都有（名字里有“硝”的是正价的，有“氨”的是负价的）；从普通无机物到生物有机分子也样样齐全，氨气、铵盐、有机胺大家可要分清楚了哦。

为什么我是常务副主任

这是因为我成天和大家同呼吸共命运的，跟大家都比较熟。虽然我在特殊情况下也具有危害性，比如我浓度太高会令人窒息啊，潜水员上浮太快得减压病啦，一不小心遇上活泼金属锂、镁什么的不但灭不了火，还着得更厉害啦。不过这些情况是比较少见的，平时我还都挺稳定的，他们还说我是最稳定的双原子分子呢。不过因为我们居委会的成员大多都挺危险的，导致我也受了牵连，装我的管道、钢瓶都是黑色的，标字还用黄色，搞的两个加起来跟警戒色似的，你看看氧气瓶是蓝色的，氢气瓶是绿色的，氨气瓶是黄色的，都比我好看，其实我比起他们还算危险小的呢。

我们主任是谁

我们主任，大家是不太熟，他叫氮氮氮，就是叠氮酸根啦。我只有两个氮

笔记栏

原子连在一起，他可是有三个呢，牛吧，老大就是要有派才行。他和氢在一起形成叠氮酸，叠氮酸具有氧化性，与还原性物质反应生成氮气和氨，与金属反应生成叠氮化物、氮气和氨。

好啦，就说这么多吧，虽然我不带走一片云彩，大家也别忘了，我就在你的呼吸间。

（Jinan，李琛）

笔记栏

8.0 氧 Oxygen

嗨！大家好，我是氧，在周期表里排行第八位，今天轮到我来给大家做自我介绍了。对了，我就是你们平常说的氧气的氧，那只不过是我存在的一种形式罢了。我还会以各种各样的形式躲藏在各个角落，在世界上的任何一个地方几乎都有我的身影，你们平常喝的水，就有 88.81% 的质量是我呢。怎么样？没有想到吧，在生活中必需的两种物质，居然都有我的功劳！这可不是自夸哦，生物的生长确确实实少不了我。

我的英文名字叫 Oxygen，元素符号是 O，大家可不要把它和“零”混淆啊。这个名字是由法国化学家 A.-L. 拉瓦锡给我起的，是“酸形成者”的意思。虽然给我起名字的是拉瓦锡，可是确确实实是英国人 J. 普里斯特利和瑞典人 C.W. 舍勒分别发现的我。下面就给大家讲一讲发现我的故事。

在 18 世纪，普里斯特利将氧化汞放在玻璃容器中用凸透镜聚集太阳光的方法加热，然后用排水法取气。他发现蜡烛在该气体中燃烧得更旺，小老鼠在该气体中显得更加活泼。他又亲自吸入这种气体，也感觉非常舒服。他说：“这种气体将来会不会变成时髦的奢侈品呢？现在世界上已享受了这种气体的，只有小老鼠和我自己。”两个月以后，他到法国巴黎的拉瓦锡家中做客时，谈起了这件事，拉瓦锡马上请他把实验演示了一遍。拉瓦锡深受普里斯特利的启发，决定亲自动手做一个实验。他设计了一个精确定量的实验，也就是化学史上著名的“十二天实验”。他将汞放在曲颈甑中，出口通向用汞液封的玻璃罩里，他日夜不停地连续对曲颈甑加热，从第二天起，汞液面上开始出现红色粉

笔记栏

末，且每天都在增加着，一直持续了十二天。在这之后又加热了八天，但红色粉末不再增加了。这时，玻璃罩里的空气减少了约 1/5。在剩下来的气体中，燃着的蜡烛放进即熄，小动物几分钟内就窒息而亡。拉瓦锡小心地把汞面上的红色粉末收集起来，隔绝空气再加强热，原来的汞又“变”回来了，同时产生大量气体。他收集气体测量体积，约等于先前空气减少的体积。而这种气体的性质，非常类似于普里斯特利曾经向他描述过的那种气体。他把这种气体命名为“Oxygen”，我国化学家徐寿把它译成“养气”，后又规范为“氧气”。这就是我名字的来源，怎么样，没想到还有这样一段精彩的故事吧？

有的人要问了，他发现的是“氧气”呀，跟你“氧”有什么关系呢？对了，氧气就是我们氧组成的单质啊，氧气是氧存在的最简单的形式。有的时候，我们还会以“臭氧”的形式存在，待一会儿再说。

在上面这个故事中，大家可能已经注意到，普里斯特利实际上进行了一次吸氧的过程。大家是不是联想到那些危重病人鼻孔里插着的管子了？不过要提醒大家的是，现在所谓的吸氧，一般都不是纯氧，而是掺杂了二氧化碳、氮气、稀有气体等，这样的混合气对人体更有利。纯氧会减少人体向自身器官和组织的供血，这是由于二氧化碳的减少会导致血管压力的降低。而当加入二氧化碳后，血管开始扩张，这样就会增加血液流动，更多的氧气就会抵达关键区域，例如大脑和心脏。不要忘了，在人们日常呼吸的空气中，我们氧也只占了约 1/5 的体积哦。

给大家讲完了一段故事，该给大家介绍我的性质和用途了。我的性格很随和，好多元素都愿意和我在一起。特别是可爱的氢，他们总是一个拉着我的左手，一个拉着我的右手。对了，我们在一起就构成了最常见的液体——水。你们可不要以为我脚踩两只船啊，我也是没办法，这样的组合才是最稳定的，如果我和氢以 1∶1 的比例组合，这样虽然可以构成强氧化性的过氧化氢，可是，一遇到重金属离子或加热就分解掉了，又会变回水和氧气。

我和其他兄弟姐妹的组合是多种多样的，比如说，我和许多金属的组合就不是手拉着手，而是在晶体中紧挨着。因为许多金属都愿意失去电子，而我

笔记栏

则愿意抢别人的两个电子，这样我的最外层就达到了8个电子，这可是一种非常稳定的情况。正负离子在一起，当然是越近越好啦！我和非金属在一起，大多数情况下则是手拉着手，当然距离也很近，只不过我不会抢他们的电子，而是与他们共享。都是出来混的，给人家点面子嘛。毕竟我们都是非金属，跟那些灰不溜秋的金属当然要区别对待啦。目前发现的118种元素中，只有稀有气体那几个兄弟不愿意跟我来往，其他同学跟我的关系都非常好，有好多人还能跟我形成多种化合物呢，比如我的氮哥哥就可以和我形成一氧化氮、三氧化二氮、二氧化氮、五氧化二氮等。

由于我随和的性格，所以交了很多很多好朋友，我们在一起为人类做出了很大很大的贡献。比如，二氧化氯是一种消毒剂，就是除去自来水中各种病菌的那种气体。我跟金属兄弟们在一起，经常会以矿物的形式藏起来，等待着人们去发现我们的秘密。

自夸了这么多，其实我也干了不少坏事。看到那些闪闪发亮的金属，过一阵子就不神气活现了，那就是我搞的鬼。我强迫他们和我结合，产生氧化物，这样杀杀他们的威风。不过人们很快想出了办法对付我——不锈钢。天哪，魔高一尺，道高一丈……

还记得我在前面提到过的臭氧么？这可是人类生活中一个非常重要的角色。他不但可以作为消毒剂使用，更可贵的是，他能给地球加上一层保护衣，阻挡了从太阳公公那里发出的紫外线，否则，地球上得皮肤癌的人将会数不胜数……我们敬爱的臭氧，他是牺牲了自己，保全了大家呀，是不是应该得到尊敬？而人类大量使用的CFC（氟氯烃）类化合物破坏了成千上万个臭氧兄弟。地球的保护伞受到威胁，我们在流泪，可是受伤害最深的还是人类自己呀！号称具有最高智慧的灵长类动物，怎么连这样简单的事情都想不清楚呢？别再执迷不悟了，保护臭氧的同时，更重要的是保护了人类自己呀！

扯了这么多，最后说说我是从哪里出来的吧。普遍认为石炭纪末期（3亿年前）大气中氧气含量达到峰值，约35 %，这是由于蕨类植物大量繁殖消耗二氧化碳，生成氧气。蕨类植物死亡后，二氧化碳以煤炭等形式沉积到地下，

笔记栏

因此空气中氧气含量很高。之后由于二叠纪末期（约 2.5 亿年前）西伯利亚地区发生大规模火山活动，释放出大量二氧化碳和甲烷，引发不可估量的温室效应，从而导致“二叠纪生物大灭绝”。在这期间氧气被大量消耗，达到一个较低的水平。怎么样，大自然真的很神奇吧？

好了，我就是那个调皮的 Oxygen，今天就说到这里吧。我的确太平凡了，不像碳那样有光辉的成绩，也不像氟那样有极其特殊的个性。我就是我，一个时时刻刻伴随你左右，又时时刻刻不能缺少的一个元素精灵。

（Liuboy，李琛）

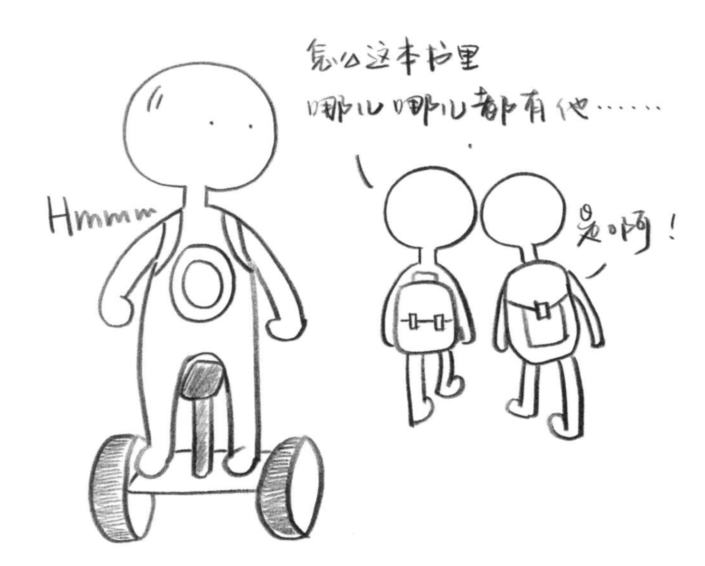

笔记栏

9. F 氟 Fluorine

如果说元素也有性别，那氟绝对是一个女人，一个神秘的女人。

元素大厦的一隅，第9号房间，她作为大姐引领着一个叫作“卤素”的家族。

她那些有着雄心壮志的邻居兄弟占据着宇宙中广大的地盘。按元素在宇宙中的丰度来看，她的邻居——碳、氮、氧、氖都在前6位之中，仅次于氢和氦。氟却排在20名开外，就好像住在高楼大厦中的一间小屋内。然而，就是在如此不起眼的一个角落里，居住着如此一个尤物。

当她孤独存在时，总是拖曳着淡黄色的美丽裙裾，以轻灵飘逸的气体形式存在于这个世界。然而，她的倩影又是如此的难以寻觅。有多少化学家千方百计地欲一觅芳踪，可这位神秘的女子，和她众多的元素朋友们一起，隐匿于形形色色的矿物之中，让化学家挠头万分。化学家们困惑于无法用任何化学试剂将她从矿物中提取出来，在近半个世纪的时间里，先后有十几位化学家致力于把他们眼中的“公主”从高塔中解救出来，却都未获得成功。有的科学家因接触过多的氟化物中毒，有的甚至为此献出了生命，“氟气的制备”成为化学史上悲壮的一页。

可是，英勇智慧的王子最终还是出现了，他就是法国化学家H. 穆瓦桑。穆瓦桑吸取前人失败的教训，没有用化学方法去解救氟气，因为没有任何化学物质愿意背叛元素世界，将这个美丽女人拱手交出。穆瓦桑采用电解的方法，利用电的威力把氟从矿物中提取出来。由于氟特别活泼，必须选用耐腐蚀性强的材料制作电解槽，当时只有昂贵的铂金电解槽符合要求，其他如陶瓷、玻璃

笔记栏

的电解槽都不合适。制作电极的材料也不能选用传统的碳、石墨或铁，而要采用铱合金来制作（或许因为美丽女人往往高傲）。接着，穆瓦桑将原料无水氢氟酸和氟化钾仔细提纯，终于，在 1886 年 6 月 26 日，他在铂金容器中电解含 20% 氟化钾的无水氢氟酸熔融液，首次成功地制得并分离出氟单质。从此公主被解救了，穆瓦桑本人也因此获得了 1906 年诺贝尔化学奖。

从传统意义上说，氟真的不是一个“安分”的女子。拥有着如此活泼的天性与迷人的魅力，她几乎能“蛊惑”所有的元素与之发生激烈的化学反应，甚至那些坐怀不乱的氙、氪也难挡她的魅力（当然还是有铂不为所动）。有什么办法呢？ 9 个质子的天生丽质，让其他元素趋之若鹜，挡也难挡啊。她与氢的恋情如此的强烈，他们结合形成的氢氟酸，那强烈的腐蚀性，甚至能溶解掉他们的房屋——盛装他们的玻璃试管。

含氟的矿石很多，重要的矿物有萤石、冰晶石、氟磷灰石。萤石是氟工业的主要矿物原料，具有助熔性能，可用作熔剂。冰晶石在电解铝工业中用作溶剂，也用于制造乳白玻璃和搪瓷的遮光剂。氟与磷是亲密的伙伴，他们往往形成共生矿石——氟磷灰石，人们用氟磷灰石生产磷肥。

氟本柔弱，可人总是把自己想得太过伟大，便种下了苦果：空调制冷剂氟利昂破坏大气臭氧层。

氟并不张扬，甚至可以用低调来形容。她除了拥有惊人的魅力，还有着与众不同的神秘气质。她隐身于植物、富含氟化物的水以及漂亮的萤石矿中，但没有人知道她从什么地方来。她体态轻盈，留下的足迹都是浅浅的，以至于大部分光谱学家从未见过氟元素的谱线。氟很稀有，同时她产生的几条光谱线十分暗弱，因此许许多多的天文学家以探寻她的来历为乐。

有一种有趣的理论把氟的存在归功于中微子这种每时每刻都从太阳核心射出，并穿过人类身体的粒子。而另一种与之竞争的观点认为，氟形成于红巨星中的氮原子核轰击氘原子核，发生核反应之际。同时，还有人认为，是沃尔夫 - 拉叶星这种已被吹去外壳的大质量蓝星要了这个把戏。

其实，这里有一个非常简单的线索，即凡是所谓“尤物”，这个世上总不

笔记栏

会太多。无论造就氟的是什么，都不可能造得太多。实际上，使恒星大量产生碳、氮、氧和氖的核反应必然大规模地绕过了氟。或者，在氟的内心深处，还隐匿着迄今无人知晓的合成反应。加州大学圣克鲁斯分校的 S.E. 伍斯利说："最稀少的同位素实际上会是一些非常有趣的物理过程的表现，因为这些元素需要特殊的环境来制造。例如，产生铁是很容易的，但制造氟却极其困难。"结果是，由奇特的过程产生的氟并未被其他大量生成的元素所掩盖，这大概就是氟的独特魅力了。

尽管氟在元素世界中大受青睐，然而，她却要面对一个与她为敌的宇宙。尤其从她的内心——"核"来说，氟是脆弱的。与其他元素不同，她只有一种稳定同位素：氟 -19。虽然一般说来，恒星是元素的制造者，但恒星也经常毁灭自己原先就拥有的氟元素。这是因为恒星中含量最高的元素——氢和氦会毁灭氟。在恒星炽热的内部，氢原子核将氟劈裂成氧和氦，而氦 -4 能使氟转化成氖。

其实，氟心里也会有那么一片港湾等待栖息，她也有安定下来的时候。当她与乙烯结合，是如此甘愿的做他温柔忠贞的妻。他们转变成高分子化合物——聚四氟乙烯以后，化学性质就变得极其稳定，外界的热、光、化学物质腐蚀都不能轻易破坏他们。

（GFeifei，方润亭）

笔记栏

10. Ne 氖 Neon

在化学元素这个大家族中，有一族元素表现出了与众不同的特性。他们就是稀有气体家族，包括氦、氖、氩、氪、氙、氡、Og。第 10 号元素氖便是他们中的一员。

论脾性，他们可是孤僻极了！氖少量地存在于地球大气中，按体积计干燥空气中含氖 0.0018%。然而，与空气中的其他成分，如氮气、氧气等不同的是，他们在空气中的存在形式都是单原子分子。也就是说，空气中弥散着一个个稀有气体元素的原子！在自然界中，几乎找不到什么稀有气体的化合物。屈指可数的几种，例如氙的氧化物和氟化物，也是在实验室合成出来的。稀有气体家族的二当家——氖，也是如此。

氖的发现，主要归功于英国化学家 W. 拉姆齐和 M.W. 特拉弗斯。1898 年 6 月，拉姆齐和特拉弗斯在蒸发液态氩时，收集到最先逸出的气体，通过光谱分析，发现了比氩更轻的氖。他们把他命名为 Neon，源自希腊文“新的”之意，即从空气中发现的一种新气体。可以看出，一个新元素的命名，有时真的很随意！中文音译为氖。但从稀有气体的发现史来看，氖只能算是一个小弟弟了，因为氩、氦、氪的发现都比氖要早。

氖所在的稀有气体家族，原来被称为惰性气体。因为他们实在太懒了，就算是反应能力很强的物质，也很难和他们化合。究其原因，是因为他们的最外层电子已经达到了稳定的 8 电子结构（氦是 2 个），而每个周期的元素最外层的满电子数为 8 个。所以空气中的稀有气体，一般都是以单原子分子形式独自游荡，并不需要通过互相结伴来追求进一步的稳定。后来，由于合成出了一些他们的化合物，严谨起见，将他们改称为稀有气体。不过对于氖来说，目前并

笔记栏

没有发现他的化合物，其懒惰程度可见一斑！毕竟，他只有 2 层共 10 个电子，带正电荷的原子核对带负电荷的外层电子的束缚会更大一些，和氙这样的“大块头”相比，其 8 电子的外壳更不易发生变化。

也许你会说，这样懒惰的元素，又不能形成什么化合物，含量又少，有什么用呢？嘿嘿，这样想，那你可就错了。我们说他懒惰，是因为他的化学性质极其稳定，物理性质就不一定啦。懒惰自有懒惰的妙用，正像古代老庄哲学中提到的那样，“有”自有“有”的优势，而“无”却也有“无”的用处。君不见，氖气和氮气一样，可以用作保护气，不过这并不是他的最主要用途。你听说过氦氖激光器吗？氖气作为工作气体可以产生激光，并在这种高能的情况下保持不变。

在这里我还想说氖的另一个应用非常广泛的地方，别以为这个应用离你很远，其实就在你身边。

答案揭晓——你身边五光十色的霓虹灯，里面充的就是氖气！不要吃惊，先听我讲一个小故事：

世界上第一盏霓虹灯由法国化学家 G. 克洛德在 1910 年制得。他将氖气通入真空的玻璃管中，然后在两端接上电极。通电后，玻璃管居然发出美丽的红光，克洛德兴奋极了。按照这种原理，他制出了一种新的灯，这种灯也被命名

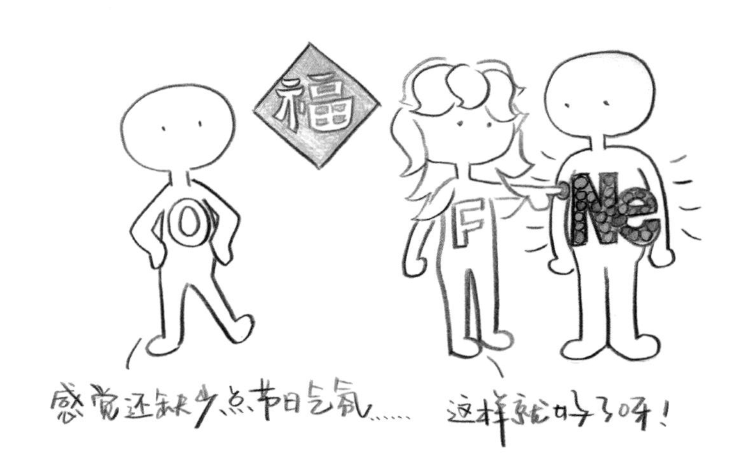

笔记栏

为 Neon Light，意思是“新的灯”，就是我们现在所说的霓虹灯。但我们日常生活中见到的霓虹灯都是五颜六色的，而克洛德研制出的却是红色的，到底用什么方法才能发射出丰富多彩的颜色呢？其实，将玻璃管中抽真空，然后向里面充氖气，或是氩气和汞蒸气的混合气体，再配合各种不同功效的荧光粉，就能得到各种色彩了。

怎么样，现在对元素大家族中的第 10 号元素有了一个新的认识了吧？氖对我们来说并不陌生，他就在我们的身边。如果有一天你来到北京大学，记得抬头看看五四运动场旁边高楼上的灯牌，那里就有氖元素。

（Heimao，武江波）

笔记栏

11. Na 钠 Sodium

从灯说起

华灯初上，都市的色彩渐渐由白天的明快变成了夜晚的迷离。景观灯亮起，霓虹灯闪烁，激光让夜空更添旖旎，都市的夜拉开了帷幕……有没有觉得少点什么？没有？ OK，当你看不见路牌迷失方向，看不清路面不小心摔跤的时候，你是不是会想起路灯，而那些公共照明设施又在哪里？到这里，我们今天的主角可以出场了，高通量低能耗的高压钠灯在城市道路、工厂、港口、体育馆等场合被作为照明光源广泛应用，而钠灯里面最重要的组成部分，当然就是钠元素了。

来认识钠

钠在元素周期大厦 1 单元 3 楼，1 单元的 1 楼是氢，但从性质上来说，2 楼的锂更能代表 1 单元剩下的几个金属元素。

单质钠是一种十分柔软的金属，用小刀就可以轻松切开，露出氧化层包裹下的银白色切面。可惜单质钠非常活泼，在空气中会迅速失去金属光泽。钠在水里同样不愿安静，会和水剧烈反应并放出氢气。由于钠的密度比水小，看上去，就像一个游泳高手在水面乱窜。于是，人们通常把钠保存在煤油里。

电的应用在钠元素的发现过程中起了很大作用。自 1800 年 A. 伏打发明电

笔记栏

堆之后，化学家们便热衷于把电这一强大的工具应用在各种化合物上。1807年，在电解熔融氢氧化钾分离得到同属元素周期大厦1单元的钾单质数天之后，英国科学家H. 戴维又用同样的方法电解氢氧化钠，并在阴极得到了水银状的金属颗粒，他将这种金属命名为Sodium。而今天钠的元素符号“Na”则源自拉丁文中的Natrium，意为“头痛药”。

我们的生活中充满了钠的痕迹。钠的性质和锂、钾相近，但由于钠及其化合物相对便宜，其应用比后两者广泛得多。

单质钠具有很强的还原性，能夺取金属氧化物中的氧，从而将金属还原，因此钠被应用于数种金属的生产中。金属钛就是以钠作为还原剂生产的。

钠离子对维持人体正常生理活动至关重要，过高或过低的钠离子浓度都对人的健康不利，甚至导致人体机能紊乱。食盐是人生存所必需的物质。在古代，食盐曾是价格昂贵的稀缺货物，甚至和金银一样作为货币使用。随着社会进步，食盐已经是一种价格低廉、应用广泛的普通调味品。

烧碱是氢氧化钠的俗称，又叫苛性钠，它的腐蚀性非常强，是两大强碱之一（另一强碱是氢氧化钾）。衣服沾上了烧碱溶液，被沾染的地方会慢慢发硬，最后被腐蚀出一个洞。皮肤沾上烧碱，也会发炎溃烂。但烧碱在工业中有广泛的应用，肥皂、人造棉、各种化工产品和精炼石油的生产都有需要，铝的冶炼也要消耗大量烧碱。

另一个钠的重要化合物是纯碱——碳酸钠，俗称苏打。最初，人们从一些海生植物灼烧之后残留的灰烬中提取苏打，因而产量非常有限。现在，人们用食盐、硫酸与石灰石做原料制造纯碱。我国著名化学家侯德榜创立了“联合制碱法”，用食盐、氨及合成氨工业的副产品——二氧化碳为原料，同时生产纯碱及氯化铵两种产品，大大改进了纯碱的生产工艺。纯碱是白色晶体，常用于洗濯，商业上称“洗濯苏打”。玻璃、肥皂、造纸、石油等工业都要消耗成千上万吨纯碱。

（Cryingleaf，黄纯熙）

12. Mg 镁 Magnesium

Mg 镁
降临人间

在我们生活的这个星球上，含镁化合物是地壳重要的组成部分。在我们脚下的深处，地壳下部康拉德界面和莫霍洛维奇界面之间，有一个厚度数千米到数十千米不等的圈层叫作硅镁层。硅镁层由富含二氧化硅、氧化铝和氧化镁的玄武质类岩石组成（但是注意，这个圈层含量最高的元素依然是硅和铝）。再往深处去，上地幔的橄榄岩层中镁的含量还要进一步增加。另外，在海水含有

笔记栏

的各种金属中，镁占有很大比重。海洋中蕴藏的镁，据估算达到了1800万亿吨。可以说，人类从诞生之日起就在和镁打交道。

不过，多年以来，镁一直隐没在他的兄弟——钙的盛名之下。从原始人学会用火开始，人类认识了含钙的石灰石及其煅烧产物石灰，而石膏作为另一种分布广泛的天然矿物也很早就进入了人类的视野，但含镁的矿物在中古时代一直没有作为一种独特的存在被认识。直到1808年，英国科学家H. 戴维才通过电解浸泡在水银中的苦土矿（氧化镁）和氧化汞得到了镁汞齐（镁和汞的合金）。通过蒸馏除去其中的汞之后，人类第一次得到了镁单质。戴维将镁命名为Magnesium，源于苦土矿的产地——希腊的美格尼西亚（Magnysias）。

摄影明星——飞行员——活雷锋

我们弄清楚了镁的家世，再让我们看看镁单质的本来面目。镁在常温下是银白色的金属，质地很轻，密度只有1.74克/厘米^3。虽然比起锂、钠之类的金属要重一些，但镁有他们所不具备的机械强度。低密度，加上高强度，使镁成为最轻的结构金属。镁单质具有活泼的化学性质，他的强还原性为许多反应提供了可能。但是在空气中，单质镁又能形成一个比较稳定的氧化镁保护层，使镁单质能够长期在日常环境下存放。这些性质，给镁的应用提供了广泛的前景。

镁在最开始是被作为强还原剂应用的。照相术出现以后，如何在阴暗处摄影成了一个有待解决的问题。1887年，德国的J. 盖迪克和A. 米索首先想到了可以燃烧镁粉用于摄影照明。他们设计的镁粉闪光机通过点燃镁粉与氯酸钾的混合物发出强烈白光，从而给摄影补光，这种方法延续了近半个世纪。当然，现在这些老古董都已经退役了，我们所能看见的就是电影电视里表现百年前的拍摄场景时那“砰”的一声和一道耀眼的白光。另外，礼花、焰火、照明弹的核心材料也包括镁或者镁合金的粉末。

镁的摄影生涯还没结束，莱特兄弟的飞机就飞上了天。为了减轻飞机重

笔记栏

量，人们开始寻找一种高强度，同时具有低密度的金属或者合金作为飞机的结构材料。镁和铝自然成了最佳选择。1906 年问世的杜拉铝（硬铝合金）是第一种高强度的轻质合金，杜拉铝包含约 95% 的铝，还含有少量的铜、镁、锰用来增加合金的强度。自 1930 年起，杜拉铝就被大量应用于飞机制造。但是和密度为 2.7 克/厘米^3 的铝比起来，镁的密度要低 1/3 以上，因此在保证强度的前提下逐渐增大合金中镁的比重成为一种趋势。目前，镁铝合金被大量应用于飞机的机身、机翼、发动机零件、轮架以及车辆、航天器、导弹上。

除了这两个出风头的职业，镁还有一个重要的职务，一个牺牲自己成就他人的工作。在价廉易得，并且能在空气中稳定存在的金属中，镁是性质最为活泼的一个。在金属材料的防腐蚀处理中，经常将需要保护的金属和一种具有更强还原性的材料连接在一起，形成原电池体系，这被称为牺牲阳极保护法，而镁就常常作为那个被牺牲的阳极。在金属冶炼中，一些金属和氧的结合能力很强，就需要镁作为冶炼中的还原剂，通过镁的强还原性使这些金属被还原为单质。像铍和钛这些金属单质，都是用镁燃烧自己变成炉渣换来的。而镁较高的熔沸点，又使得用镁制备一些低沸点的碱金属和碱土金属成为可能。工业上制备金属钙正是通过将镁加入熔融的钙盐中实现的。在这个温度下钙变成气体，被收集起来冷凝成单质钙，而镁则变成了镁盐。

（Cryingleaf，黄纯熙）

笔记栏

13. Al 铝 Aluminium

想当初，我被发现的时候

在古代，明矾就被用作染色的固定剂，而明矾就是十二水合硫酸铝钾。事实上，我后来的大名“Aluminium”一词就是从拉丁语明矾（Alumen）衍生而来的。

16 世纪时人们就开始研究我的化合物了，并一直试图获得我，但连英国大科学家 H. 戴维都没有成功。直到 1825 年，丹麦科学家 H.C. 奥斯特将氯气通过红热的木炭和氧化铝，得到的三氯化铝和钾汞齐作用，之后又隔绝空气蒸掉汞，最终提炼出了金属铝。他将这个过程告诉了他的好朋友德国化学家 F. 维勒。维勒对此非常感兴趣，但他并没有重复出奥斯特的过程。维勒自己设计实验：他将三氯化铝蒸气通过熔融金属钾表面，得到一些重 10 ～ 15 毫克的铝珠。他也对这些铝珠的密度做了初步测定，并指出金属铝的熔点不高。用同样的方法，维勒还制得了金属铍。

想当年，我身价百倍的时候

虽然我是地壳中含量前三的元素（前面两位是氧和硅），但很多年前，我并不像现在这样普遍，当时的我可是很尊贵的！由于我性格活泼，自然界中不以单质形式存在，而且我的氧化物熔点非常高（超过 2000℃），使得提炼极为

笔记栏

困难。因此在 19 世纪前，我被认为是一种罕见且珍贵的金属，价格超过黄金。我也成了一种等级和身份的象征。在法国皇帝拿破仑三世举办的宴会上，只有王室成员和贵族来宾才可以使用我制成的餐具，其他人只能用金制和银制的餐具。甚至在 1855 年巴黎世博会上，人们将一块由我制成的金属条与许多法国皇家珠宝一起展出。

可是在 1886 年，奥地利化学家 K.J. 拜耳发明的氧化铝纯化工艺为我的大量生产提供了条件；3 年后，美国化学家 C.M. 霍尔和法国科学家 P.-L.-T. 埃鲁发明了电解氧化铝工艺，他们把氧化铝和冰晶石混合，使熔融氧化铝所需温度降低至约 1000℃。于是我的产量也飞速地增长，由此导致我从一个身份的象征变成了厨房里的锅碗瓢盆，从达官贵族的宫殿走进了寻常百姓家。

到现在，日常生活中的我

我密度小，电导率很高。如果要算相同质量金属的电导率，我要远远强于铜和银。因此我被用来制作高压输电的钢芯铝绞线，铝线主要承担输电作用，有效降低了电阻和输电线重量；钢线强度大，用于维持输电线的结构稳定。

将我做成合金可以改善我的机械性能。虽然我的强度比较低，但是形成合金以后比强度（材料的强度与其密度的比值）就可以和钢媲美了，塑性和耐腐蚀性也好。因此我的合金成了航空工业中不可缺少的材料，被大量地用于飞机部件的制造。

我形成的化合物明矾，作为净水剂被广泛使用。那是因为明矾溶解在水中时，由于存在我的三价离子，容易水解生成氢氧化物。我的氢氧化物在这种情况下生成时，以胶体（分散相的尺度在 10^{-7} ～ 10^{-9} 米的分散系统）形式存在，比表面积大，可以吸附水中的杂质，达到净水的目的。我形成的氧化物，也就是氧化铝，是铝土矿的主要成分。但不要以为我们只是地位低微的矿石，红宝石、蓝宝石的主要成分可都是氧化铝。而且他们还不是纯净的氧化铝，是含铬或钛等元素的杂质才让宝石有了绚丽多彩的颜色。

笔记栏

在空气中，我的表面会生成致密而坚硬的氧化膜。用我制成的锅碗瓢盆之类的器皿，可以用好久，而且擦掉表面的氧化膜后，仍然光亮如新。我的延展性也很好，可以加工成铝箔，生活中常用来包装食品的锡纸其实是我做成的哦！

虽然我经常出现在大家的生活中，但我却没什么生理作用，甚至我的三价离子对人类健康还是有害的。人体摄入少量铝，对健康无害，但如果摄入过量，会导致衰老症。由于我制成的餐具会难以避免地溶解一些离子在食物中，尤其当这些容器盛放酸性食物时，因此现在人们对可能含有我的器皿敬而远之，我连锅碗瓢盆都没法做了。

（CCME，王茂林）

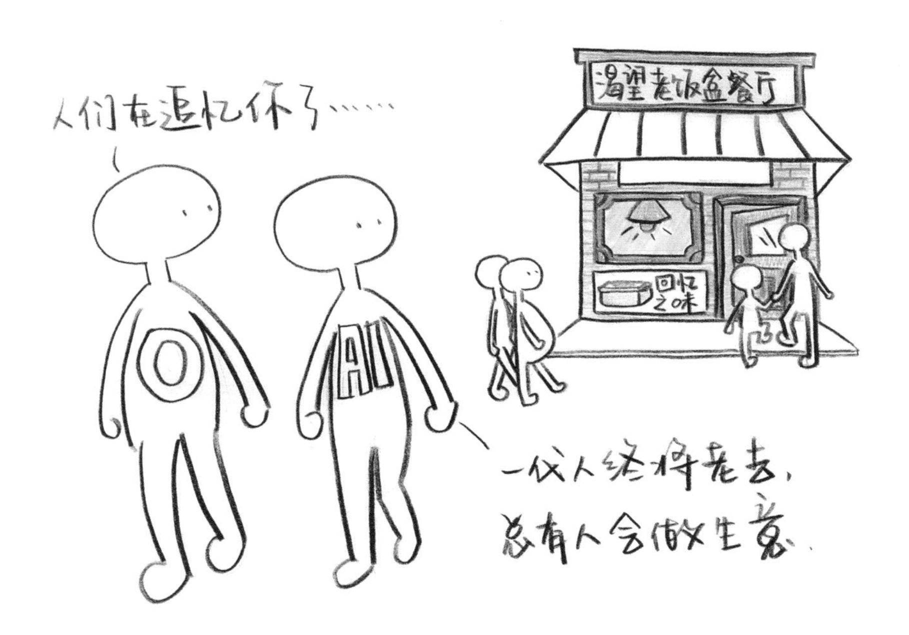

笔记栏

14. Si 硅 Silicon

硅的发现及元素符号的由来

硅的英文全称是 Silicon，出自拉丁文 Silex，意思是“燧石”（质地坚硬的石英异种）。很多元素的英文名字非常有趣，而且几乎每个元素命名都有自己的小故事。但很多元素的名字在翻译成中文后很难追溯其原意，而硅是少数几个中文译名仍能充分保持原意的元素之一。前人之所以把这个元素叫作 Silicon 是因为石英的硬度非常大，而且很多硅化合物如碳化硅等也是极坚硬的。

硅在地壳中的含量排第二，仅次于氧。但是尽管有如此丰富的含量，硅的发现却远远晚于氧、氢、氮等大家耳熟能详的元素，甚至比某些稀土元素的发现还要晚。至于原因，是硅与氧、氟等作用很强，因此硅单质很难制备和提纯等。直到 1923 年，瑞典化学家 J.J. 贝采利乌斯用钾蒸气还原四氟化硅，并通过烦琐的提纯，才得到了纯度较高的单质硅。

如果说元素碳是有机世界的基石，那么我们同样可以毫不夸张地说硅（和氧）主宰了无机世界（水除外）。沙子、黏土、石英、玻璃，无一不含硅氧化物。硅是一个典型的亲氧元素（与氧结合能力很强，易形成氧化物的元素）。硅跟氧的结合能非常大，以至于自然界中几乎所有硅元素都以氧化物的形式存在，硅和氧共同构成了世界的骨架。

硅在元素世界的“中庸”之道

笔记栏

如果我们看元素周期表中硅和碳的位置，他们在前三周期里属于中央地带，向左是典型的金属，向右是典型的非金属。而元素周期表靠近左右两边的元素（稀有气体除外），他们特点鲜明，往往誓不两立有你没我，有明显的排斥性（有的怕酸或怕碱，有的不能接触氧化剂或还原剂）。

然而，硅和碳就不同了，他们性格温和，跟绝大部分物质都能友好地相处。某些情况下，他们对酸、碱、氧化剂、还原剂通通不买账（如用作硅油和树脂的硅氧烷聚合物、大名鼎鼎的聚四氟乙烯塑料）；而有时他们也能左右逢源，既能跟酸发生些故事，又能跟碱碰出些火花（如二氧化硅可溶于强碱，硅酸盐可溶于酸）。

对外，他们能屈能伸，不卑不亢；对内，他们同样表现得很团结。无论硅还是碳，他们都能通过电子对的共享，像手拉手一样（每个硅或碳原子可以与其他四个原子形成四个化学键，也就是四只手）组成一个无限的三维网络体系（硅和氧之间也可以形成这样的体系）。这是一个非常稳定的体系，我们通常称之为原子晶体。他们的熔沸点、硬度和化学稳定性都超过了氯和钠的单质所代表的分子晶体和部分金属晶体。

含硅物质的各种用途

如果有人问20世纪什么元素最出风头，那么答案毫无疑问是硅，美国“硅谷”这一妇孺皆知的地名就是对这个答案最强有力的支持。由于硅在元素周期表中特殊的位置，决定了硅既可以表现金属的性质，又同时具有非金属的某些特征。无论简单或复杂的电子器件，其最核心的控制中心绝大部分是以高纯硅为基础的半导体元件。可以毫不夸张地说，是由于单晶硅技术的发展，才有了我们今天的数字化世界，硅也实现了“从沙滩到用户”的传奇转变。今天人们已经在试图寻找硅的替代品，比如有机半导体。但在很长时间内，硅仍将

笔记栏

保持他在电子电路中的统治地位。

信息时代不仅是单质硅的舞台，二氧化硅同样有极为重要的作用。美国物理学家 N.S. 卡帕尼首先设计了石英玻璃基的光导纤维，之后华裔物理学家高锟于 1964 年提出使用光代替电流、玻璃纤维代替电线传递信息的概念。随着一个个难题被攻破，具有低信号损耗率、不受电磁干扰等优点的，掺杂不同组分的二氧化硅光纤成了现代信息社会的基本通信工具之一。

硅不仅仅在无机界的电子通信中大受欢迎，有机化学家和高分子学家们也越来越重视硅的用途。从硅油到硅橡胶，无一不是重要的工业材料；而各种硅基的保护基团也在有机全合成（化学中最具挑战性、最激动人心、最有美感和艺术性的领域之一）中发挥着不可或缺的作用。硅化合物的催化功能也已经引起人们的注意，相信通过科学家们的不断努力，硅在这方面的应用一样可以大放异彩。

硅基生命的假说

众所周知，目前发现的所有生命形式都基于碳，碳链构成了生命体的各种基本分子和结构。作为与碳同族的硅，是否可能存在以硅为基础的“硅基生物”呢？众多科幻小说中描述了这一设想。硅是一种亲氧元素，虽然硅氧链有可能代替碳链，但硅的氧化态相对要简单得多，因此可供生物体利用的氧化还原反应就非常少。由于这些天然劣势，硅基生命目前还只停留在假说和想象的层面。

（CCME，王茂林）

笔记栏

15. P 磷 Phosphorus

磷的发现

17世纪，德国的汉堡有位商人叫H. 布兰德，大约在1669年的一次实验中，他将砂、木炭、石灰等和尿混合，加热蒸馏，意外地分离出一种像蜡一样的色白质软的物质。这种物质在黑暗中能放出闪烁的亮光，如果暴露在空气中，不一会儿就会自燃殆尽。于是布兰德为其取了个名字叫Phosphorus。这个名字来源于希腊语中的Phosphoros，原指“启明星”，意为“光亮”。

布兰德看到了磷的神奇之处，于是带着磷到处做巡回表演，拿这种“自己就可以燃烧”的物质赚了大钱。虽然说知识就是金钱，不过说句公道话，让磷这样重要的元素专司哗众取宠之职，实在是有点屈才了。

磷的性质

磷家族有三位兄弟：红磷，白磷（工业上又称黄磷）和黑磷。三兄弟外貌迥异，性质也不尽相同。红磷：我们在高中做实验时接触过，暗红色粉末，不溶于水和二硫化碳，无毒。在空气中不但不会自燃，还会缓慢地吸收空气中的水分。白磷：这就是布兰德当时制得的磷单质。白色或浅黄色蜡状固体，有毒。不溶于水，易溶于二硫化碳，少量可保存在冷水中，着火点很低，为40℃。黑磷：黑色有金属光泽的晶体，结构与石墨相似，作用也与石墨有相似

笔记栏

之处，用石墨可以制备石墨烯，而用黑磷可以制备磷烯，这是一种很有前景的半导体材料。虽然磷家族三位兄弟乍看起来如此不同，但有一个共同的特点——活泼，容易跟氧气、卤素及许多金属化合。因此磷不能以单质形式存在于大自然中，总会找一些别的兄弟姐妹元素住在一起，这其中氧总是首选。磷在地壳中含量为 $8\times10^{-2}\%$，大多是以磷酸盐的形式存在的。

磷与人体

磷也存在于我们体内。人体和各种生物体中都含有磷的化合物，骨骼和牙齿中的磷占人体总含磷量的 85% ～ 90%。身体内约 90% 的磷是以磷酸根的形式存在。牙釉质的主要成分是羟基磷灰石和少量氟磷灰石、氯磷灰石等。羟基磷灰石是不溶性物质，这一点很有效地保护了我们的牙齿免受侵蚀。生物体内的主要遗传物质 DNA 具有磷酸和脱氧核糖组成的骨架，RNA 的结构单元中同样含有磷酸基团。对承担生物主要生命活动的蛋白质来说，磷酸根是重要的信号调控物，对蛋白质进行磷酸化和去磷酸化是调节生物体内多种信号通路的重要方法。同时生物体内的能量通货 ATP 等也都含有磷酸基因。可以说，没有磷就没有生命，这也是为什么磷被称为生命元素的原因。

磷与生活

在生活中，磷也扮演了重要的角色。可乐之所以有辛辣味是因为里面含有磷酸；火柴盒侧面用来摩擦发热的材料里就含有红磷；洗衣粉和清洁剂里面含有三聚磷酸钠。中国有句老话：民以食为天。说到粮食，磷也是功不可没。我们已经知道，磷是生物体内的一种必需元素。在农业上，磷可以促进植物的根系生长，调节代谢。对农作物合理施用磷肥，不但可以提高作物的产量，还能改善农产品的品质。

磷与环境

笔记栏

然而，磷可不总是一个乖孩子，经常会捣乱。赤潮便是磷的“恶作剧”。工厂、家庭排放到海洋中的富含氮、磷的废水（其中很大一部分就是含磷洗衣粉中的三聚磷酸钠）造成了水体富营养化，这是全球赤潮频发的一种因由。不幸的是，与此同时，全世界范围内却存在着磷资源匮乏（磷为不可再生资源）的情况。相关统计表明，中国现有的折标磷矿——把其他含量的磷矿折算成标矿，即含五氧化二磷 30%——储量仅够维持使用 70 年左右。如果能把转移到污水中的磷通过处理予以回收，使之可持续的循环利用，那该多好啊！希望人类能合理利用资源，让磷成为我们永远的朋友，为地球和人类做出贡献。

（Arodd，方润亭）

笔记栏

16. S 硫 Sulfur

硫元素在自然界是可以以单质形式存在的。要知道，在自然界这种氧化氛围中，元素不是氧化就是被氧化。或是像硅、氢、金属元素一样，把自己的电子贡献给氧，或是像卤族元素一样，霸占他人的电子。因此，固守着自己的零价态，闪着金黄色光泽的硫黄显得尤为可贵。

硫在地壳中的含量为0.048%，单质硫主要存在于火山附近。硫是一个很活泼的元素，在适宜的条件下能与除惰性气体、碘、分子氮以外的元素直接反应。硫单质本身是有一定毒性的，但是毒性并不大，少量的体外接触并不会产生很大影响，只有大量或长期接触才会对黏膜造成损害。如果硫遇见另一种剧毒的单质——汞，会生成硫化汞固体，不仅无毒，还会扼制汞的挥发性和毒性，因此硫黄被用于处理汞的泄露。

硫酸这个词，是很多同学对化学这门学科的第一印象——泼到地上冒起浓烟、所触之物尽数焦黑的神秘液体。实际上，称之为硫酸是不准确的，应当在前面加一个“浓”字。在没有多少水掺进来的时候，硫酸确乎像洪水猛兽一般，有强烈的脱水性和腐蚀性。然而如果是稀硫酸，在水溶液中就没有了硫酸的分子，它会完全电离成离子，而脱去了氢离子的硫酸根则失去了所有骇人的性质。硫酸本身作为不挥发的强酸，在工业上有许多便利的应用，被誉为“化学工业之母”。

随着环境污染问题受到越来越多的关注，大家或多或少都听说过酸雨这个词。所谓酸雨，其实就是含有硫酸、硝酸等酸性物质的雨。而雨中含有这些

笔记栏

物质的“罪魁祸首”，就是人们燃烧煤炭等燃料时排放的硫氧化物、氮氧化物。硫氧化物在空气中弥散，在高空中与水和氧气作用，就生成了硫酸。含有硫酸的酸雨降下来，会腐蚀建筑物、土壤、生物体等，对建筑、道路、文物古迹等都有不利影响，对森林植被更是毁灭性打击。

然而煤炭作为燃料，其主要成分仅仅是碳，硫只是其中含有的杂质。受酸雨破坏的森林常常埋怨燃煤的人类，为什么不先将其中的硫杂质除尽，以免产生酸雨。但它们不知道，煤里面含有硫，正是因为远古时期的森林树木中含有大量的硫元素，千万年后形成的煤炭中才会有这样的杂质。先有鸡还是先有蛋？大自然中的因果循环永远是耐人寻味的哲学命题。

（CCME，王文韬）

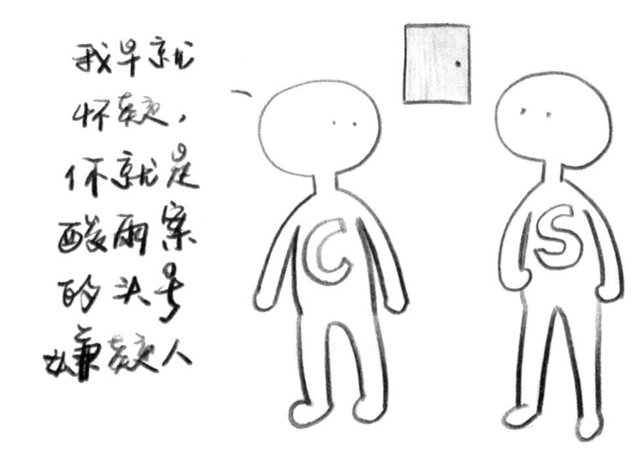

笔记栏

17. Cl 氯 Chlorine

早在 1774 年，瑞典科学家 C.W. 舍勒就发现了氯单质的存在。当时舍勒无意中制备氯气的方法——通过盐酸与二氧化锰反应，直到现在仍在工业中被广泛采用。然而当时，舍勒对“燃素学说”深信不疑，由于他发现氯气有氧化性，可以支持一些物质的燃烧，便坚信氯气中包含有“燃素”，想尽办法从中提取“燃素”。当然，从氯气这样的单质中提取一些其他元素的行为是不会有结果的。直到 1810 年，H. 戴维证明了氯是一种元素，并用单质的颜色为其命名。

氯单质有很强的氧化性，这源自氯的元素性质：处于第 7 主族，电子结构特殊，只要再增加 1 个电子，最外层就能达到 8 电子，形成最稳定的结构。因此，氯极其希望从他处得到 1 个电子，得到这一个电子后又极难失去。由于氯气的强氧化性，很多金属都可以在氯气中燃烧；也因为这样的氧化性，氯气有较强的刺激性和毒性。

次氯酸这个名词对很多同学来说可能比较陌生，但次氯酸确实与我们的生活非常贴近。氯气在与水发生反应的时候，会努力地去掠夺所缺少的一个电子；但水是非常稳定的物质，并不会被轻易地夺取电子，因此氯气会发生内讧（化学里叫歧化），一半的氯夺走了另一半氯的电子。胜利者成为稳定的氯离子，失败者则失去电子成为次氯酸。次氯酸具有很强的氧化性以及破坏性，对生物细胞有很强的伤害作用，因此经常用作消毒剂；次氯酸甚至能破坏大部分的色素分子，因此还用于纸张、布料等的漂白。

笔记栏

氯离子，如前所述，是氯原子得到了朝思暮想的一个电子之后，称心如意的样子。氯离子性质稳定，在水溶液中不容易沉淀，更不容易被氧化——如此来之不易的电子谁会愿意轻易送出呢！只有很强的氧化剂存在时，或是被直流电电离时，氯离子才会被夺取电子，重新变成氯气。电解含有大量氯离子的食盐水溶液，是工业制备氯气的重要方法。

氯离子作为氯元素最稳定、最常见的存在形式，在生物体中也有着不可或缺的作用。众所周知，生物细胞内是有大量离子存在的，其中不乏各式各样的金属阳离子，无论是大量的钠、钾、钙，还是微量的锌、铁、锰，都是带有正电荷的离子；而与之平衡的阴离子，除了缓冲 pH 用的一点点磷酸根和碳酸氢根之外，主要都是氯离子在撑腰。因此，细胞的渗透压和电荷平衡都离不开氯离子，神经信号传导中的离子流动更是离不开氯离子的参与。这也就是为什么人要吃盐的原因——盐中的氯化钠能提供人体所必需的大量氯离子。

氟氯烃类化合物，这个名词听上去比较陌生，但若是说成“氟利昂”，怕是天下人都有所耳闻。众所周知，太阳光中的过量紫外线对生物是有一定危害的，但大气层中的臭氧层隔绝了这部分多余的紫外线。现在，由于制冷剂、灭火剂等使用的氟利昂排放于大气中，臭氧层受到了严重的破坏。氟利昂能释放氯自由基，一旦接触臭氧，会破坏臭氧分子释放氧自由基，而氧自由基又会破坏更多的臭氧。因此，人们正采用对环境更友好的其他物质代替氟利昂的使用。

（CCME，王文韬）

笔记栏

18. Ar 氩 Argon

氩是稀有气体家族中第一个被发现的成员。

早在1785年，英国化学家H. 卡文迪什就预言大气中存在一种与大部分浊气（氮气）不同的另一种浊气，并认为这种气体所占的比例不会超过1%。近一个世纪过去了，稀有气体依然隐藏在一片迷雾之中。直到1882年，英国物理学家瑞利在测定氮气比例时发现，空气中除去氧气、水蒸气和二氧化碳后的“空气氮”的密度，与从含氮化合物分解得到的氮气的密度相差了0.0064克/升，这微小的误差引起了他的注意。经过与英国化学家W. 拉姆齐的合作探究，他们证实了一种化学性质极不活泼的气体的存在，并命名为Argon，希腊文意为“懒惰”。正是由于这千分之几的差别，人类第一次打开了稀有气体家族的大门。

稀有气体，也称惰性气体。顾名思义，家族中七位成员氦、氖、氩、氪、氙、氡、鿬都很“懒惰”。在质子争夺战中，酸集团和碱集团都游说过他们，他们无动于衷；而在电子争夺战中，不管外界电子归属如何变动，他们依然坚守着自己的一亩三分地。

他们热爱和平。面对没有保护自己质子或电子能力的弱小原子，他们不会拦路打劫；而面对那些向来贪婪的氧族、卤族元素，甚至是臭氧、超强酸等特种部队，他们也不会退缩。即使在外界高温高压、电极电解等残酷条件下，他们也从不低头。正因如此，他们也成了其他元素眼中的硬骨头。如果说元素周期表中的其他元素是以自己特有的化学活性，来确立他们在物质世界的地位的话，那稀有气体们则以他们的中立确立了自己的存在。

笔记栏

他们同时也是避世的隐者。直至 1962 年，在为他们和各种元素举办了一场又一场的联谊会后，人类终于让他们和其他元素建立了初步联系（人工合成氙的化合物六氟合铂酸氙）；氩元素更是到了 2000 年才终于迈出了脱宅的第一步，与氢、氟结合成仅在 −256℃以下才能保持稳定的化合物氟氩化氢。至今，含氩化合物也不过寥寥几种。

氩是稀有气体中占大气层比例最高、最容易取得的一种，也是大气中除了氮气与氧气之外含量最高的气体，约占大气的 0.934%。作为第一个被发现的稀有气体，氩元素是稀有气体家族中人们了解最深、应用最多的一种。

氩最主要的特征——惰性，是人们利用他最主要的原因。他通常被用于保护一些容易与周围物质发生反应的物质，比如一些特别活泼的金属铷、铯等，或者是在部分较严格的实验条件下代替空气，来避免空气中氧气、水等对实验结果的干扰。氩还有一些优良的性质，他的低传热率使得他很适合居住在夹层玻璃中，来减弱两边的热传递。氩在高压电流的进攻下，最终还是会被缴获电子，因电离而发出辉光。根据电压及气压的变化，辉光的颜色可以是蓝紫色、白色、粉红色，因此氩可用于制成绚丽多彩的霓虹灯。

笔记栏

在工业实际应用中，氩气大显神通。在高温焊接时，氧气总喜欢“趁火打劫”，掠夺金属元素的电子，而氩气则可以在焊接部位周围起到保护作用，既保持焊接温度，也保护了金属，这种技术被称为氩弧焊；在炼钢时，氩气不但可以保护金属，也可以在脱气过程从体系中带走不需要的其他气体，这样炼出来的钢才不会有气孔。此外，在医学、地质学等领域中，氩气也有广泛的应用。而在我们的日常生活中，氩气最常见的应用是充当白炽灯和荧光灯泡中的保护气以及保温瓶夹层的填充气体。

说了这么多，你可能还是会觉得氩离我们的生活很遥远。实际上，他与我们同在。不仅仅是精神上，更是在物质上——你每次呼吸吸进的氩，足有一汤匙的体积。

（姚艺希）

笔记栏

19. K 钾 Potassium

他是一位弱冠少年。

在元素世界的众生相中，他的风度、气质、才华、亲和力，让他在这个特殊的群体中显得格外耀眼。他没有铬那样的铮铮铁骨，甚至一把小刀就可以让他粉身碎骨，他也没有金那样绚丽夺目的外表。然而，少年心性的他却自然有一种特殊的感染力，乐善好施的品质为他赢得众多亲密的朋友。下面我将一一道来。

话说 19 世纪初，化学界的“电解达人”H. 戴维用当时新发明的伏打电池电解苛性碱，在淡紫色的火苗中发现了钾的踪迹。同时，被发现的还有钠。从此，戴维在科学界名声大振。钾也因此踏入了元素世界这片神奇的江湖。生性张扬的他，一出场便赢得了众人的瞩目。他与水的一场激情热舞碰出了绚丽的火花，让世人惊叹……

钾可与氧亲密无间，面对氯，他也会欣然接受。可以说，钾会积极地与非金属家族的兄弟姐妹们交流。从他出生以来，就一直以化合物的形式存在，他的身边从来不会缺少朋友。

然而钾并不是纨绔子弟，他的才华和能力，在众多元素中格外突出。作为细胞内液的主要阳离子，他承担着维持细胞内液渗透压的职能。如果钾罢工了，你就会出现浮肿、呕吐等症状。钾在细胞内液中稳定存在，这对心肌和神经肌肉维持正常的应激性至关重要。他还参与细胞内糖和蛋白质的代谢，可以预防中风，并协助肌肉正常收缩。在摄入大量钠而导致高血压时，钾具有降血

笔记栏

压作用。同时，钾还可以制作光电管，在电子工业中有重要用途。

钾乐善好施的本性使得他成为优良还原剂的合适人选。在化学反应中，钾会积极地贡献出自己最外层唯一的电子，使双方能够和谐共处。他可以参与肥皂和化肥的合成。你可别小看了他，他可是植物生长的三大营养元素之一哦，对促进植物的生长和发育有重要作用。农作物离开了他，茎叶的发育就会受影响。人体缺乏钾会引起心跳不规律和加速、心电图异常、肌肉衰弱、烦躁。

当钾把自己的外层电子贡献出来的时候，会引来大批的伙伴；但当他收回电子时，伙伴们便离他而去，就连最为亲密的氧也是如此。只有钠，无论如何，都陪伴在钾的身边，他们互相扶持，共同战斗。钠钾合金成为有机合成中优良的催化剂，钠－钾泵在生物体中扮演重要的角色。所有这一切，都足以说明两者之间真挚的兄弟情。

（王志鹏，武江波）

笔记栏

20. Ca 钙 Calcium

A

初秋，微雨。

窗外的银杏在风中簌簌地低吟，床头的蝴蝶兰开得正艳。

慢慢睁开眼，一切是熟悉的冰凉。在这里我发出了人生的第一次哭喊；在这里体弱多病的我度过了童年的大部分时光；也是在这里，我认识了她。

医生和母亲谈话的那个下午，我感觉到冥冥中一股力量把我和一些东西联系了起来。但我并不知道那东西是什么，也不知道这样的联系意味着什么。

我只是这么想着，沉沉睡去，很安稳的。

从没想到这样的纠缠竟是一生。

B

在元素大楼里，我住在 20 号房间，这是我喜欢的数字。我叫钙。

现在的这幢大楼已经在这里屹立了 150 多年。当那位头发乱乱的叫 D.I. 门捷列夫的老先生帮我们设计、建设好这幢大楼，并把我们最初的 63 个兄弟姐妹安顿好的时候，我就住在了这一层，安静的，淡然的。

楼几乎一直都在建造中，总有一些新房客忽然敲开这幢楼的大门，于是我们的大楼就往上新盖一层。这让我想起 1248 年就开始建造的科隆大教堂，经

笔记栏

过 632 年才结束建设。我不知道再过 500 多年后我是什么样子，我们的大楼会有多高。

时间有时候真是漫长得让人害怕。

对于那些新来的住客，我甚至连他们的名字都记不清。或许他们根本就没有名字，或许是我老了……

A

她有一个很阳刚的名字叫钙，与我的瘦弱是那么的不协调。

医生说我是先天性缺钙，因此我佝偻的小身体才会盗汗、出湿疹和突然的抽搐。

于是我每天的饮食都是围绕着她转。

牛奶、鱼虾还有大量的豆制品充斥着我的餐桌，蔬菜和水果也不时地出现在我周围。可惜缺少她让我变得偏食、挑食，对这些东西总提不起兴趣。

看着母亲日渐斑白的鬓发，日益憔悴的脸庞，我知道我真的很差劲。

我是不应该来到这个世界上的，我这么对自己说。

那时候的天空已经开始飘起白雪，我站在窗前大声地哭着，就像刚来到这个世界的那个下午一样，悲伤凄凉。我骂得很大声："去死吧，钙！"

B

作为金属，我是活泼的。

虽然没有钠、钾那么奔放，也没有镁那么出挑闪亮，甚至在大部分时候都给人稳固、持重的假象，但我确实还是活泼的。

总喜欢把那层带两个电子的外套脱下，送给那些更需要它们来组成八电子羽绒服的原子，我穿里面三层已经很温暖了。

遇火我很容易就会烧着，遇水我也会很快溶解，因而我总是戴着那些感激我的原子送的化合物面具走出大楼，面对生活。

笔记栏

这让很多人郁闷，他们为了看见我的真面目，煞费苦心。

其实我真的很想素面朝天看看这个世界，很想亲手摸一摸脚下坚实的地壳，毕竟其中的4.15%是属于我的世界。可惜理智告诉我还没到时候，贸然出来只会自己毁掉自己。

A

我一直想看看她的真面目，可一切的努力只是徒劳。

阵阵幽香从身边传来，那是床头的蝴蝶兰——我最喜欢的一种花。

我从小就幻想着飞翔，却连行走都觉得困难。医生说我的骨质很脆弱，一不小心就有骨折的危险，因而大部分时间都只能在轮椅上度过。

我很努力地吃着那些充斥着她身影的食物，很自觉地吃下一片又一片医生为我精心调制的钙片。

每个有阳光的下午，我都会在楼下的小花园中休息。医生说晒太阳能帮助她的朋友维生素D生成，而维生素D也能促进我对她的吸收。我对这样暧昧的关系并不感兴趣，我只是喜欢阳光暖暖地抚摩身体的感觉，只是喜欢在那样朦胧的光线中想象她的模样。

每天的这个时候是我一天中最幸福的时光。

B

我注定与他的生命纠缠不清。

夜深人静的时候，我会在他的耳骨里轻声念起他的名字，微笑着回忆起一些有趣的故事，履行着我这个被称为“生命金属”的小小元素的微薄使命。

这一切，他或许一无所知。我从不怪他，即使当他在窗口大骂我的时候，我也只是躺在他的牙床里淡然一笑。

笔记栏

我知道，我要努力支撑起他的生命。

A

当我开始上学的时候，我就很认真地学习化学。我想这是因为她。

在书本上，我第一次看见了她的照片，是那么漂亮的银白，一点也不逊于其他同伴。

在书本上，我第一次知道了心中如此圣洁的一个名字 Calcium 原来是来自拉丁文 Calx，意为“从石灰中得到的”。

也是在书本上，我第一次知道了在电池发明以后，英国化学家 H. 戴维才很辛苦地利用电解的方法得到了她的单质。“电解氧化钙（石灰）与氧化汞的混合物并蒸发掉产物中的汞”，这样的步骤对于我并没有什么实际的意义，我只知道要见她真的很难。

我终于明白，不只在我的身体里，在很多石头诸如大理石、白云石、萤石以及建筑常用的石膏中都涌动着她的生命。

原来她从没有离我远去，在我的体内，在我的周围，她无时无刻不在支持着我，保护着我。

我偷偷地哭了，为了当初的无知，为了她做的努力，为了这一生的纠缠。

朦胧中仿佛一个声音在高喊:“男子汉，不许哭！”

B

“男子汉，不许哭！”我有点生气地大声喊着。

身边的磷酸根握紧我冰凉的手呆呆地望着我。我知道我现在的样子一定很吓人。

在他的身体里，我总是以和磷酸根手牵手的姿态出现在骨骼、牙齿以及血液、软组织中。

笔记栏

而在他房间的大理石里，墙上的石灰中，我又不得不与碳酸根形影不离。

但是我知道，这不是我要的生活。

我总喜欢从骨质中溜到他的血液里，从他的心脏滚滚跃出。每当这个时候，那并不强壮却同样鲜活的心脏的跳动，那并不发达却同样有力的肌肉的收缩都让我变得无比兴奋，也让他身体内混乱的膜电位变得平和而稳定。

只有那源源不断的生命力，才让我觉得快乐，觉得满足。

他也是这么想的吧，我相信。

A

我知道我永远到不了姚明一样令人仰视的高度，但我也有坚强的意志；我知道我永远没有刘翔风一般的速度，但我也有深刻的思想；我知道我永远不会有乔丹一样宽厚的肩膀，但我也有宽广的心胸。

我虽然还需要每天补充她，但我不再自卑。我告诉自己我并不是依赖她，我只是与她交流，与她谈一场一生的恋爱。这，没什么不好。

即使在我的身体中她的含量只有区区 1% 左右，但我依然感谢她，依然想着她。并不是因为她的离开曾经让我几乎丧命，使我不得不与她在一起，而是因为她让我懂得了去学习，懂得了去享受生活，懂得了用心做个顶天立地的人。我想，我是爱上了她。

我笑笑，望着床边守望的亲人、朋友，望着镜中已经花白的头发、枯槁的脸颊。虽然一切都已经晚了，虽然以后再也不能感觉到她在我体内的涌动了，但我还是很满足地笑了。

在你最脆弱不堪的时候支撑你生命的她，才是真正的爱的化身。

床边的蝴蝶兰翩然凋零，我看到一种美丽在空气中舞蹈，潸然落泪。

笔记栏

B

好冷。好冷。

请别停下来，好吗！让我再一次在你的骨髓中站起！

黑暗中传来阵阵哭泣，那样的泪水是为你而掉的吗？

曾经幻想过在你走的那天摘下我的面纱，让我的热在你的掌心融化。可是一切是如此匆忙，我甚至还来不及最后一次穿越你的心脏！

我听见火苗的欢唱，我感到温暖再一次拥抱了我。身边的磷酸根傻傻地笑着。为什么，为什么我生来这么坚强，为什么我无法随着那青烟追你而去？

我在烈火中发出了最后的声响："对不起，我的爱！"

"妈妈，他是谁？他在冲我笑呢！"

"这是你的叔叔。他曾经是一个佝偻病患者，但是他还是努力站了起来，成了我们这个城市里最好的骨科大夫。医生说他身体里的钙已经达到了正常人的水平，有 1 千克多……"

听着盒子外的对话，我满足地笑了。

（uubaishu，黄纯熙）

笔记栏

21. Sc 钪 Scandium

1879 年，我方阵地。

“19 号！”

“钾到！”

“20 号！”

“钙到！”

“21 号！”

“……”

元素将军的点兵冷场了。

“21 号！ 21 号在哪里？”

还是没人回答。

“报告将军，门外有三人求见，自称 21 号在他们手中。”

“让他们报上名来！”

“在下 D.I. 门捷列夫，我给 21 号开的准生证。”

“在下 L.F. 尼尔松，是 21 号这孩子他爹。”

“在下 P.T. 克莱夫，刚给 21 号接生完就送到将军您这里了。”

将军瞧了瞧细皮嫩肉的，通体银白色的小孩儿，有点迷糊了。

“你们这怎么回事，给我说清楚点。”

“是！将军。”

“我先来吧，”门捷列夫站了出来，“1869 年的时候我不是发表了最初版的

笔记栏

元素周期表嘛，按照元素性质规律发展，我就猜测在钙的后面应该有一种原子量是 45 的金属。当时我来不及仔细地给他取名字，暂叫他类硼。这不，这准生证总算是用上了。”

尼尔松接话，“我有一个朋友 J.C.G.de 马里尼亚克，他从铒土里面为我方征到了新兵，一种叫镱的元素。我按照他的方法，从铒土里面分解出来的镱却跟他分解出来的镱不一样，我就好奇嘛，就重复处理了一次，钪这孩子就是这么被我发现的，他的名字 Scandium 是为了纪念发现地斯堪的纳维亚半岛。”

“轮到我了，”克莱夫得意扬扬，“我跟尼尔松是同事，我也从铒土着手，把铒分出来排除掉之后又把镱和钪分出来，然后刚把这孩子洗干净，除去杂质，就给将军您送过来了。不仅如此，我还给这几兄弟又找到了两个弟弟，一个叫钬，另一个叫铥，这一家子还真是人丁兴旺啊！”

将军好奇地问：“他的序号这么靠前，怎么那么晚才生下来呢？”

“这个我来回答吧，说起来这还真不容易。”尼尔松感慨，“门捷列夫提出元素周期律之后，大家不都对各种元素的物理化学性质及其相互之间的规律很感兴趣，想着来验证或者反驳周期律嘛。但是我这孩子在地壳中分布特别少，只有 0.0005%，这么说吧，在 1 吨里面还不到一枚硬币那么重。而且他们兄弟十几个特别团结，拉出来一个全都跟出来了，特别麻烦。我这是带着明确的目的去找，找了好久才找着的。克莱夫比我还厉害，他花的时间更多，总算是把这孩子洗干净了。”

“真是辛苦你们了，那这孩子有什么厉害的地方吗？”将军思考要给钪安排怎么样的职位。

“我自己来说！”钪跃跃欲试，“我可厉害了！首先，我可以用来做电灯，我和钠哥哥搭配，我发蓝紫光他发黄光，互补起来刚好就是白光，发光效率和破雾能力可高了。其次，我可以做太阳能电池，我可以把电池对立面的金属和半导体隔绝开来，更充分地利用太阳光。另外，我还可以作为 γ 射线源对恶性肿瘤进行放射治疗。”

将军继续发问，“不错不错，但我们军团强调单兵间的配合，你看看我们

笔记栏

团里有哪些可以跟你配合得比较好呢？”

“有！我可以掺杂到许多半导体里面，来改变他们原有的结构，给他们带来不同的性质。我也可以掺杂到合金里面，尤其是铝大哥，我跟他看对眼了，少量的我就可以使他大变样——结晶温度提高，强度增强，结构更稳定、更抗腐蚀。我还可以掺到其他许多种合金里去，如果将军您把我安排到航海、航空、航天领域，我还可以有更大的用处。另外，我还可以作为许多反应的催化剂，在工业上我可有用了！”

“好好好，这孩子真厉害，我这就把你编进元素军团！”将军乐开了花。

后记：

理想和现实总是有差距。实际上，尼尔松和克莱夫得到的钪都不是纯净的，人们直到近 60 年后才通过电解氯化钪得到纯净的金属钪，而直到近 100 年后，材料科学的蓬勃发展才终于给钪带来了生机。如今，连同钪在内的稀土元素已经成为材料科学中炙手可热的明星，在各个领域中发挥着千变万化的作用，创造的经济价值更是难以估量。可能这就是五行中“（稀）土生金”的说法吧。

（CCME，姚艺希）

笔记栏

22. Ti 钛 Titanium

那是在200多年前的1791年，英国的化学家和矿物学家W.格雷哥尔在一种铁矿石中发现了一种新元素，但却没能把它提炼出来，于是给它取了一个不太吉利的名字叫“梅纳辛”，英文中Menaccin隐含着“威胁”和“祸事临头”的意思。1795年，德国化学家M.H.克拉普罗特在研究金红石时，又发现了这种元素，他认为“梅纳辛”这个名字不好，就趁机改了一个好听的名字“钛”，钛的英文名字Titanium是从希腊神话中统治巨人族的提坦神（Titans）演化来的，意思是“力大无比”。后来，钛“长大成人”，果然“力大无比”，在飞机、宇宙飞船、潜水艇等许多尖端工业中都建立过不朽的功勋。

好事多磨，虽然有了好听的名字，但钛却只是以二氧化钛形式孕育在钛铁矿和金红石这些“母体”中，难以分离出一个“纯种”来。就这么一直拖了80年，到了1875年，俄国的化学家D.K.基利洛夫才第一次分离出金属钛，还写了一本叫《钛的研究》的小册子。但在沙皇时代，没有人对钛这个陌生的金属感兴趣，何况基利洛夫得到的钛在性质上也没有表现出什么优点，所以钛又被人冷落了许多年。1910年，美国化学家M.A.亨特总结了前人的方法，改用钠还原四氯化钛，终于得到了杂质只有百分之零点几的钛，但这百分之零点几的杂质也仍然使钛又脆又弱，结果，钛还是落了一个“毫无用处的金属”的坏名声。

直到1925年，荷兰的A.E.van阿克尔在加热的钨丝上还原碘化钛，才得到了高纯度的钛。这时人们才发现，这种高纯度钛具有很高的可塑性，可以像

笔记栏

铁一样轧成板、棒和丝材，甚至可轧成最薄的箔片。更令人惊讶的是，它的强度和硬度很高，比铝硬 11 倍，比铁和铜硬 3 倍。这个被人轻视了多年的钛终于摆脱了“毫无用处的金属”的名声。

钛具有超众的性能且储藏量大，在地壳中的含量为 0.6%，居第九位。含钛的矿物多达 70 多种，在海水中和海底结核矿中都大量分布。目前钛的用途拓展很快，已被广泛应用于军工、轻工、化工、医疗等领域。

钛的一大优势是它超强的抗腐蚀能力，比常用的不锈钢强 15 倍，而使用寿命比不锈钢长 10 倍。电影的底片和正片制作中，强酸强碱药物对洗印设备腐蚀十分严重，普通的齿轮最多只能使用几个月，而 1980 年西安电影制片厂试用钛材，设备运转一年多，齿轮几乎没有腐蚀。钛另一大优势是其较小的密度。“钛飞机”可以减轻 5 吨机体重量，多载乘客 100 多人。在新型喷气发动机中，钛合金已占整个发动机耗材的 18% ～ 25%；在最新的超音速飞机上，钛的使用量几乎占总重量的 95%。用钛制造的潜艇，不仅比钢制潜艇经久耐用，还可以潜入更大的深度；用钛制造的军舰、轮船不用涂漆，在海水中航行几年也不会生锈。

钛在外科医疗手术上的应用，也非常引人瞩目。外科接骨使用不锈钢存在弊端，接骨愈合之后，要把不锈钢片再取出来是件十分痛苦的事。改用钛制的“人造骨骼”将使骨科技术完全改观。在骨头损坏的地方打进钛片与钛螺丝钉，过几个月骨头就会重新生长在钛片的小孔与螺丝里，新的肌肉纤维就包在钛的薄片上，钛骨骼宛如真正的骨骼一样和血肉相连，起到支撑和加固作用。所以，钛被人们赞誉为“亲生物金属”。

钛有许多常见的化合物。二氧化钛是一种宝贵的白色颜料——钛白，它兼有铅白的掩盖性能和锌白的持久性能。钛白是世界上最白的物质之一，1 克钛白可以把 450 多平方厘米的面积涂得雪白。特别可贵的是钛白无毒，如今每年用作颜料的钛白有几十万吨。另外，由于二氧化钛熔点高，常被用来制造耐火玻璃、珐琅等。四氯化钛则常用于军事方面，由于其在湿空气中会冒出大量白烟，因此常用作人造烟雾剂。特别是海洋上水汽多，一放四氯化钛，浓烟就像

笔记栏

一道白色的长城，挡住了敌人的视线。

金属钛的前程无量，所以钛已经被授予了“21 世纪金属”的称号，让我们期待钛为人类做出更多的贡献！

（CCME，姚艺希）

笔记栏

23. V 钒 Vanadium

故事是这样的。

遥远的地方有一位美丽的女神，她躺在摇椅上等着仰慕者的到来。有一天，敲门声响起，凡娜迪丝起身准备开门，可是敲门声停了。从窗户里看去，是一位名叫 F. 维勒的男人的背影。她回到摇椅上没多久，敲门声再次响起。这次的敲门声持续到女神开门，她欣喜地看到了门外捧花而立的 N.G. 塞夫斯特穆先生。凡娜迪丝在送给了塞夫斯特穆荣誉的同时，也给人类送来了贵重的礼物。

1829 年，德国化学家维勒得到一块来自墨西哥的矿石，是矿物学家 A.M.del 里奥猜测其中有新元素的存在后交给他分析的。维勒得到这块矿石后，依照里奥的实验，制成含有未知元素的红色盐溶液。但他一来忙于尿素合成再利用的研究，二来不够充分重视此事，便把矿石搁在一边。直到 1830 年他无意提到此矿石，他的老师意识到了问题，才让他火速寄到斯德哥尔摩。经过实验分析，确定矿石里有一种新元素。

可惜还是太晚了。一个月前，他老师的另一位学生瑞典化学家塞夫斯特穆发表了一篇论文，内容就是这种刚发现的新元素。据说，塞夫斯特穆从获得矿物到发现这种新元素只花了半年时间。也许是因为这种元素的化合物五颜六色，十分漂亮，塞夫斯特穆用古希腊神话中美丽女神凡娜迪丝（Vanadis）为新元素命名，把这种银白色的金属称为 Vanadium。

恰如其名，她是绚丽多姿的。一个有趣的实验是用锌来还原无色的钒酸

笔记栏

铵。在实验的过程中钒相继被还原成蓝色的四价钒、绿色的三价钒、紫蓝色的二价钒，随后低价的钒又会被空气中的氧气氧化为无色的五价钒，变幻过程优美奇妙。

她的原子序数为 23，属ⅤB 族，氧化态为 +2、+3、+4、+5。她是柔弱的，是柔软而黏稠的过渡金属，可以被涂抹；她又是坚强的，贫贱不移，富贵不淫，威武不屈——钒的结构强度相当高，也很难被腐蚀，在碱、硫酸和盐酸中相当稳定。她在高温下才能氧化为五氧化二钒。

然而美丽的女孩子总是矜持的，钒的倩影很少出现，人们对她的了解也不多。在塞夫斯特穆发现钒元素后，人们并未很快将她运用到生活中。直到 1905 年，钒小姐远嫁北美，她的点化成就了钢铁的硬朗风骨，从此钢铁风靡世界。在充满神秘机缘的这一天，美国汽车大王 H. 福特去观看一场汽车比赛，竞赛中不幸发生了一场车毁人亡的事故。职业的敏感性使福特立即赶到事故现场，他想亲自查看一下汽车受撞之后的损坏情况。受撞的是一辆法国汽车，他仔细检查，发现汽车一根阀轴上掉下来一个零件。零件本身看不出有任何特殊的地方，但是零件闪闪发亮的表面和硬度引起了这位汽车大王的注意。于是他

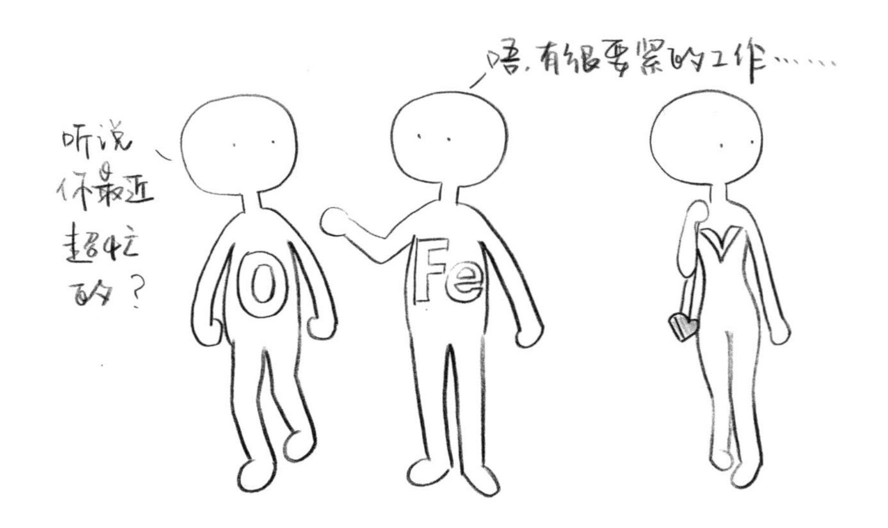

笔记栏

悄悄捡起零件拿回去分析，结果证实这是一种含有钒元素的特殊钢，其性能之好是他这个汽车大王过去一直向往却从来没有见到过的。后来，福特也感慨："如果没有钒，就不会有福特公司的汽车。"

自从钒女神和铁被撮合在一起之后，钒收到了许多邀请函：在医疗器械特殊部位的不锈钢中，以及各种工具关键的齿轮和轴承钢中，在高速飞机的涡轮喷气发动机中，在钢涂钛的中介层中，在超导电磁铁中，在浓缩硫酸的催化剂中，在生产特殊陶瓷的催化剂中……而随着生命科学的发展，人们也在生物体内发现了她的踪影：一些微生物使用含钒的酶来固定空气中的氮；鼠和鸡也需要少量的钒，缺钒会阻碍它们的生长和繁殖；一些含钒的物质具有类似胰岛素的效应，可以用来治疗糖尿病……

钒女神绚丽的颜色和复杂的性质引人思考。为什么呢？也许是她核外那小小电子的调皮运动造成的吧！而其更复杂的原子结构，以及她和其他一些物质结合而产生的结构改变，则更加让人难以看透。或许正因如此，钒才能长久保持着神秘感，对世人产生独特的吸引力。

（CCME，姚艺希）

笔记栏

24. Cr 铬 Chromium

首先声明，之所以由我来帮铬征友不是因为其心不诚，而是因为铬实在是太优秀了，他怕自己讲各位不相信，所以要我这个兄弟来帮忙了。好了，主角出场了。他就是铬，绝世好男人！

首先，他是个钢铁硬汉。虽然出身寒鄙，却和相依为命的两个哥们——铁和氧，结成了难得的铁三角。这关系之铁，在 1900℃以下，他们的形状也绝不发生改变；任其他矿渣干扰，他们的关系绝不发生破裂。三兄弟也因此在江湖上闯出了一定的名气，生产耐火材料，作为炼钢炉和有色金属冶炼炉的炉衬，铸钢件、造型砂等很多工作都非他们不可。

他还是个绝对专一的好男人。铬是所有金属里边最硬的一个，面对重重压力，他仍然可以顽强地屹立。试问其他金属，又有哪几个能够做到这一点？就是靠了人家铬，不锈钢才能够耐得住重重酸碱的腐蚀。枪炮、导弹、火箭、坦克、舰艇，这些庞然大物也无不依靠咱们铬为其撑腰。高强度、耐腐蚀、耐磨、耐高温、耐氧化、高度抛光，他在什么环境下都坚持这样的品性。实际上，古人早就认识到了铬是个绝世好男人。君不见，秦时明月汉时关……哦，说错了，早在秦朝，秦始皇就指明了要铬当他的贴身保镖，从秦始皇陵出土的青铜剑历经千年依旧锋利劲挺。为什么这样？铬在宝剑上调教着那些不听话的分子呢。所以，对铬有意思的要赶紧啊，竞争的人可多啦。

但千万不要因为铬老兄这硬汉形象就以为他是个沉闷的男人。他身上的黑色是冷酷的黑，不是炭黑的那种黑，而是铁黑，棕黑，黑得成熟，黑得深邃。

笔记栏

实际上，铬作为男人，不仅意志刚强，高温不化，他还具有绝大多数男人难以拥有的品质——幽默风趣。这一点，从他多变的衣饰搭配就可以看出来。单身的时候，他穿一身高贵的银白风衣，散发深沉的气质；和硫酸根一起学习时，又是一件沉稳而散发生机与活力的绿毛衣；对钾这样孤零零漂泊的离子，他就会在氧的帮助下穿上橘红的风衣，逗对方开心；如果是最顽皮的氢过来捣乱，干扰铬和氧的工作，他会马上换上猩红色的风衣，把氢赶路；终于轮到他和氧单独在一起安心做事了，他又会再穿上他的绿毛衣，心无旁骛，效率奇高；开会的时候，他会换上沉稳的蓝色外套，总是让硫、钾、氢、氧这些毛头小伙充满敬重；红宝石和祖母绿的颜色，也是来自他友情出手……事实上，因为擅长用颜色来表达情感，铬的英文名来源于希腊文 Chroma，意思为“颜色”。看啊，多么优秀的男人。困境中他永远给你最坚强的支持，伤心时他会温柔地安慰你，成功了有他在身边陪着一起高兴。

有铬来陪伴你，健康也不用担心啊。铬是人体必需的微量元素，有助于生长发育，帮你长高。还会帮助胰岛素调节血糖，控制血液中胆固醇，简直是个家庭医生啊！他现在事业有成。唉，做男人就是辛苦，先要有事业。不过从这也可以看出，铬是很有责任心的哦！

（CCMElj，沈星宇）

笔记栏

25. Mn 锰 Manganese

锰元素符号为 Mn，原子序数为 25，原子量为 54.938，属周期系Ⅶ B 族。锰为钢灰色有光泽的硬脆性金属，在地壳中的含量为 0.085% ～ 0.10%，熔点 1246℃，沸点 2061℃，密度 7.21 ～ 7.44 克/厘米^3。锰矿主要有软锰矿、黑锰矿、褐锰矿和碳酸锰矿等。世界上重要的锰产地有南非、乌克兰、巴西、澳大利亚和中国等。自然界生物体中也含有微量的锰。

人们对锰的认识与锰的功绩并不相称。由于铁和锰在自然界中难舍难分，在人类文明的早期，铁制品中经常含有锰，我国出土的战国时期铁箭中就发现含有锰，可是直到 1851 年化学家徐寿在他所译的《化学鉴原》中才首次将化学元素 Mn 译为“锰”，开启了我们认识锰的篇章。

天然的锰元素一般以氧化物（尤其是二氧化锰）的形式存在，在工业上可通过类似铝热法等还原方法获得锰单质粗品，更纯的金属锰则需通过成本更高的高锰酸钾电解法制备。这样的方法并非锰的“私人订制”，大家更加熟悉的工业炼铁、炼钢也是以类似的还原法进行的。事实上，锰和铁很像，不仅仅是外貌相近，在物理、化学性质上也有微妙的对应关系。锰与铁一样，都是比较活泼，但单质可以在空气中稳定保持一段时间的金属。在潮湿空气中，锰也会氧化、生锈；而在空气中燃烧锰单质，我们就会得到四氧化三锰，这一形式与铁在空气中燃烧的产物四氧化三铁完全对应。当锰单质被放入稀盐酸中，锰也会像铁一样逐渐溶解，冒出无色的氢气气泡。我们将所得的溶液浓缩、结晶，就会得到玫瑰色晶体——水合氯化锰。

笔记栏

尽管锰与铁这么相似，锰的魅力依然独一无二。锰元素的千变万化是其他金属元素难以比肩的！而这都来源于锰的原子结构——价电子层构型为(Ar)$3d^5 4s^2$，这 7 个价电子都可以参与成键，也都有为了成键牺牲自己的决心。锰的氧化态有 0、±1、+2、±3、+4、+5、+6、+7 几种形式。溶液中最稳定的氧化态是 +2 和 +7。在水溶液中，2 价锰离子是淡粉色的，3 价锰离子是酒红色的，6 价锰离子是绿色的，7 价锰离子是紫色的。3 价或 6 价的锰离子形态并不稳定，可作为强的氧化剂，也可能直接发生自身歧化，生成棕黑色的二氧化锰。这些离子、化合物有“颜”也有“才”。

古人不知道什么是锰，但是他们已经有意识地运用、加工含锰的合金，正因如此，古代兵器中才会出现锰的身影。而在今天，含锰合金仍然非常重要。含锰 12% ～ 15% 的锰铜既坚硬又强韧，且耐磨损，可以用来轧制铁轨、架设桥梁、构筑高楼、造装甲板，也可做耐磨的轴承、破碎机等。除了用作普通的刚性材料，锰铜还有一个优异特性——不会被磁化，正适合用在船、舰需要防磁的部位。而且它的电阻温度系数小，也就是说它的电阻几乎不会受到周围环境温度变化的影响，因此锰铜也是制造精密电学仪器的好材料。

锰既能与其他金属形成合金，也可以发挥自身优势，做出自己独到的贡献。高锰酸钾是化学工业与实验室研究中必不可少的强力氧化剂，而当其溶解于水被稀释成紫色，甚至淡紫红色的溶液时，它又可以作为鱼缸、蜂箱、餐具、浴具的消毒剂。但是高锰酸钾确实是高“猛”酸钾，一旦它的浓度高了，变成了深紫色，它的强氧化性也可能造成伤害。

锰的“猛”体现在方方面面。锰不仅在我们的日常生活中常驻，也同样是我们身体里不可或缺的一个“狠角色”。锰是人体不可缺少的微量元素，也是人体多种酶核心的组成部分。因此，锰的缺乏可能会导致人的畸形、生殖问题，甚至脑惊厥。为了避免这样的悲剧，成年人每天需要摄入适量的锰。事实上，不仅我们少了锰不行，我们的口粮少了锰也无法正常生长。锰对植物体的光合作用以及维生素的转化等活动同样有十分重要的作用，小麦、玉米缺锰，叶子会出现红色和褐色斑点；果树如果缺锰，叶子也会变黄。因此，在植物的

笔记栏

微量元素肥料中，锰盐是必不可少的成分。不过，若人遭受了工业排放的锰污染“迫害”，受害者可能出现头晕、头痛、乏力、语言障碍等症状。

篇幅有限，这一次就只能介绍这么多了。但我相信聪明的读者已经体会到了锰的重要意义，如果想了解有关于锰的更多秘密，欢迎来元素周期表第四大街（第四周期），ⅦB座（ⅦB族）找它哦！

（CCME，张绍然）

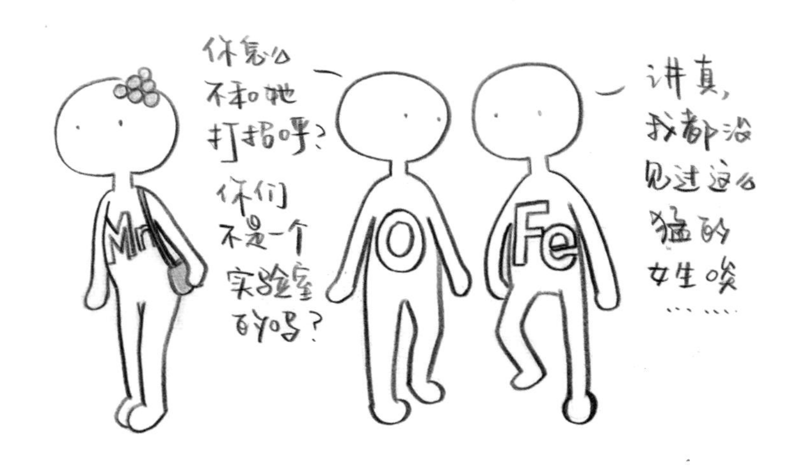

笔记栏

26. Fe 铁 Iron

拿铁元素作为标准谈过了锰，现在我们一起来聊一聊这个可以算是生活里最为常见的金属元素——铁。

公元前2000年，铁以神秘的天外来客——陨石的形式闯入地球人的视线。这些陨石主要是铁、钴、镍的混合物，含铁量超过90%。因此，当时的人们认为铁是一种非常珍贵的神秘金属，古埃及人用铁来制作“太阳神”的宝座，甚至把铁称为“天石”，足见铁在当时的地位之高贵。但是，从古至今陨石都是罕见的自然现象，如果人们只依靠陨石进行兵器锻造，那么铁自然供不应求。事实上铁在地壳中的含量很高，约占5%，仅次于氧、硅、铝而位列第4，人们完全可以从更加丰富的矿产中获得铁。随着青铜冶炼技术的成熟，铁的冶炼技术也逐步发展起来。在春秋、战国时期就已经有了人工炼铁的技术，这种可大批量生产的冶铁技术的发展也使得铁的地位从“天上”掉到了“地上”。从战国时期到东汉末年，铁器的使用渐渐普遍，铁成了人们日常生活中使用的最为主要的金属之一。

随着科学的进步，人们对于铁的性能有了更深的认识，铁也找到了它的“固定搭配”——钢。钢与铁并不等价，铁从高温炉中涅槃重生时，往往会裹挟含量超过2%的碳，这时的铁虽然很硬但柔韧性不够，容易“骨折”，被人们叫作生铁。这其中的碳可以被氧化，去除一部分碳，当含碳量降至0.02%～2%，铁就真正地拥有了一身好“筋骨”，能屈能伸，人们称之为钢。实际生产中，人们往往会根据用途的不同，制备含有不同成分、不同比例的合

笔记栏

金元素钢。例如我们常常使用的耐热、耐腐蚀的“不锈钢”锅，就是一种碳含量非常低（不超过 1.2%），而铬元素含量较高（>10%）的钢。正是由于钢的硬度与韧性一般高于单质铁，不那么纯净的钢反而变成了优于铁的建筑或制造材料。

不过，铁毕竟是一种活泼性比较强的金属，它失去电子形成化合物的愿望也是十分强烈的。铁的价电子层构型为（Ar）$3d^6 4s^2$，和过渡金属家族的大部分成员一样，它也有形成多种价态的能力。当我们将铁块直接置于稀盐酸或稀硫酸中，会得到淡绿色的、含有二价铁的溶液；而当我们直接在纯氧中燃烧铁丝时，除了能看到耀眼的火花四溅，还能获得一种具有磁性的黑色粉末——四氧化三铁，我国古代的司南就是利用四氧化三铁的这一特性制成的；我们的自行车等铁制品若在户外经受风吹雨打，一年半载就会发现有斑驳的红棕色铁锈出现，这种三价铁的氧化物若以纯粹的无水合形式存在（即三氧化二铁）是非常漂亮的红色，可以用作颜料。+2、+3 价是人们比较熟悉的铁的常见价态，而事实上铁也可以更高的价态出现。若用强氧化剂次氯酸钠浓溶液氧化硝酸铁，并用氢氧化钾溶液对得到的产物进行溶解，我们就可以制备高铁酸钾。是不是听起来很熟悉？高铁酸钾也可以算是高锰酸钾的好兄弟了！在这两种物质中，锰和铁分别达到了它们的最高价态，只是锰的最高价态为 +7 价，铁则为 +6 价。它们都是强氧化剂，而高铁酸钾的氧化性更甚于高锰酸钾。而且由于高铁酸钾氧化污染物后，自身也会被还原成 +3 价并以氢氧化铁的形式沉淀，集氧化、沉淀、吸附等功能于一身，因此，高铁酸钾已经成为新型绿色环保水处理材料。

当然啦，铁作为过渡金属的一员绝对不仅仅只有成盐、成氧化物这种简单“属性”，铁的配位化学在我们的生活甚至生命中同样有十分重要的意义。铁在人体中有多种生理功能，它在人体中的含量约占人体总重量的 0.006%。当体内的铁元素不足时，我们就可能发生缺铁性贫血；而在有一氧化碳等结合能力更强的分子存在时，氧气会无法与血红蛋白正常结合，人就可能产生窒息的危险。新闻中出现的“煤气中毒”在本质上就是一氧化碳中毒。铁是人体必需的

笔记栏

微量元素之一，是我们的好朋友，若我们不好好珍惜它，它会被别的化学分子抢走，受伤的就是我们啦！

铁是最早进入人类历史的金属之一。本文只是略微涉及一二，笔者衷心地希望本书能够激发读者对元素、化学魅力的兴趣，走进这一广博的瑰丽世界。

（Gaussian，张绍然）

笔记栏

27. Co 钴 Cobalt

在 16 世纪的欧洲，矿工们发现了一种不知成分、略带玫瑰红的白色矿石，当时他们不知道这种矿石有什么作用，但其中的砷元素已经对工人的身体健康造成了危害，于是人们将它称为 Kobalt，也就是德语中的“妖魔”。尽管后来人们发现这种神奇的矿物可以用来制造非常美丽的深蓝色玻璃，妖魔之名却依然伴随着它。1735 年，瑞典化学家 G. 布兰特从这种矿石——辉钴矿中还原出了一种浅玫瑰色的金属，他就继而称这种金属为 Cobalt，中文译为钴。

人们对于钴化合物的认识与应用是从它们的奇特颜色开始的。古代，蓝色颜料的天然来源十分有限，只有青金石（一种碱性铝硅酸盐矿物）等矿物才有大家向往的纯净蓝色。因此，当时的蓝色具有纯净、高贵的特殊含义。辉钴矿可以用于制造蓝色玻璃，而且以其为原料生产的氯化钴固体同样是蓝色的。然而若我们尝试用氯化钴水溶液作为墨水，就会发现一种神奇的现象——氯化钴是蓝色的，但它的水溶液却是淡粉红色的，写过的字迹在干燥后几乎无法看到。此时，我们可以用电吹风稍稍加热这张纸，消失的字迹又渐渐浮现出来，变成蓝色，而这些显现的字迹若遇到水蒸气就又会隐匿身影。这种显色→隐身→显色……的循环看似神奇，其实是由氯化钴水合物之间的相互转化完成的：

$$\underset{\text{粉红色}}{CoCl_2 \cdot 6H_2O} \xrightleftharpoons{325K} \underset{\text{紫红色}}{CoCl_2 \cdot 2H_2O} \xrightleftharpoons{363K} \underset{\text{蓝紫色}}{CoCl_2 \cdot H_2O} \xrightleftharpoons{393K} \underset{\text{蓝色}}{CoCl_2}$$

笔记栏

钴还是维持人类正常生命活动不可或缺的微量元素。维生素 B_{12} 是人体中唯一一种含金属元素的维生素，而它的中心金属元素正是钴！维生素 B_{12} 对于维护机体的正常造血有不可替代的促进作用，参与人体的造血功能；同时，维生素 B_{12} 也会参与神经系统中某些脂蛋白的形成，是保证神经系统功能健全的必备维生素。这些重要功能的行使都无法离开钴在其中的辅助。在医疗中，钴的放射性同位素钴 -60 也可作为放射源被用于癌症治疗。

此外，钴作为铁的另一个邻居，其自身的物理性质也可圈可点。钴是少见的、经过一次磁化即可保持磁性的金属，而钴单质又具有较高的居里点，因此钴单质具有非常广阔的应用空间。居里点又称磁性转变点，是铁磁性或亚铁磁性物质转变成顺磁性物质的临界点。一种本来是铁磁性或亚铁磁性的材料在其温度高于居里点时成为顺磁体，此时，磁体本身的磁场会变得很容易随周围磁场的改变而改变。常见的磁性材料中，镍的居里点为 358 ℃，铁为 769 ℃，而钴可达 1130 ℃，是金属磁性材料中的耐热冠军！因此，钴材料往往被用于工厂的大功率电器以及对温度上限要求很高的磁性元件中。

（DarkPalZhang，张绍然）

笔记栏

28. Ni 镍 Nickel

作为一名热爱探险的化学家，我喜欢到处旅行，寻找自然中的化学之美。那次在元素世界的旅行中，我在颠簸的马车中昏昏沉沉，恍然间看到一栋奇异的建筑，楼并不高，只是楼顶的两个角仿佛天线般孤零零地支着，显得有些孤傲。我被这如同元素周期表形状的奇异建筑迷住，不禁叫住车夫，走进楼中。

主人热情地向我展示了他的收藏。这些收藏其貌不扬，显然不是贵金属，但价值连城。小小的房间里堆满了世界各国的钱币！我注意到这些钱币银光闪闪，十有八九是镍币。银白色的金属镍硬度大，在空气中不容易被氧化，化学性质稳定，只有遇到硝酸时才会溶解，金属镍经常与铜合作，协力铸造我们生活中的货币。我倒吸了一口凉气，莫非这就是镍，那位有“魔鬼铜”之称的元素吗？

镍看出了我的恐慌，他淡淡地叹了口气，说道：“我知道我在外的名声不好，但你大可不必怕我。我这名声是历史遗留问题！ 17 世纪后期的德国萨克森地区，人们会用一种红棕色矿石——红砷镍矿给玻璃着上绿色，这种美丽的颜色如此令人向往，人们始终好奇到底是怎样一种物质有这样明艳的绿色！冶金学家们起初误会了，以为这是一种铜矿，他们就按照炼铜的方式尝试获得其中的铜元素，可是红砷镍矿里哪里会有铜呢！于是他们断定是矿山的‘魔鬼精’在施展诡计妨碍他们的工作，就把这种矿石命名为‘魔鬼铜’。所以呀，从那之后我就已经背上了‘魔鬼’的名号！”

他继续为我介绍他的故事：1751 年，瑞典化学家 A.F. 克龙斯泰德揭开了

笔记栏

镍美丽而神秘的面纱——“魔鬼铜”中并不含铜，而是含有一种全新的、以前未知的元素镍。克龙斯泰德不仅发现了镍，还首先描述了镍的性质：脆而坚硬，会被磁铁微弱地吸引；在空气中加热时会转变成黑色粉末，在盐酸或硝酸中溶解后产生极美丽的绿色。

我被这曲折的故事吸引了，心里却更加困惑，为什么镍已经被发现了，却还被称为“魔鬼”呢？他继续解释道：“我也算是为人类勤勤恳恳地做了很多事情啦，但是人们说到镍，还是会觉得恐慌。人们怕的其实不是我，而是我的一个低氧化态化合物——四羰基镍。四羰基镍有剧毒！吸入四羰基镍蒸气会对人的肺部及呼吸系统造成严重的伤害，可能导致肺水肿，而且这种吸入的有毒物质还难以清除。”

原来是这样，我拿出笔记本，继续进行对他的采访。一番对话下来，我更进一步地认识了这躲在“魔鬼”之名下的灵魂之美。镍元素位于元素周期表第 4 周期Ⅷ族，价电子层构型为（Ar）$3d^8 4s^2$。他作为钴的邻居与钴的秉性相近，他们二者均大量存在于陨铁中，常见价态均为 0 价和 +2 价；同时，他们都具有达到 +3 价的能力，而 +3 价的钴或镍的化合物也都具有很强的氧化性。镍的二价化合物几乎全是绿色调的，从深绿色的氧化镍到浅绿色的氢氧化镍应有尽有。尽管算不上五彩斑斓，却也有着别致的色彩。

镍是一个对于空气和水稳定的金属，不像铁一样易生锈，因此镍常被镀在金属制品的表面。镍的抗腐蚀性能非常出色，即便在极端条件下镍单质不幸阵亡之时，他也会变成其他身份继续担起防腐蚀的重任。当然，镍镀层并不仅仅有抗腐蚀这一个作用。镍粉（特别是微细分散的镍粉）能有效地吸收氢气，在用电解水制备氢气时就会常常使用镀镍的铁电极以收集产生的氢气。

镍其实是一种颇具牺牲精神与合作精神的元素！镍与铜、铁、铬、钴、金等金属都能形成合金，在工业上具有广泛的用途。著名的镍钢因其机械强度很高，多用于运输机械、设备制造业中。而在化学界广负盛名的雷尼镍则是一种经过特殊处理的铝镍合金，当我们用碱溶液去除其中绝大部分铝，就会留下很多大小不一的微孔，这种多孔性的骨架镍具有很大的表面积，使得镍对氢的吸

笔记栏

附能力进一步增强，并由此产生了极高的催化活性，这就使雷尼镍被广泛地作为加氢催化剂使用。而吸氢合金（镧镍合金）具有极强的载氢能力，单位体积中氢含量甚至可以超过液态氢！这种神奇的吸氢合金也为以氢气为燃料的绿色、环保新能源汽车开发带来了希望。

我心满意足地合上笔记本，挥手告别了镍。

（lavlov，张绍然）

笔记栏

29. Cu 铜 Copper

铜本身是紫红色金属，自然铜矿中就有纯度不甚高的单质铜。在中国，除自然铜之外，亮黄色的黄铜矿也比较常见，它是一种铜铁硫化物矿物，分布很广。由于其鲜亮的颜色，它常常被人误认作黄金，不过黄铜矿比真正的金单质要更硬也更脆一些，表面也常带有蓝、紫褐色的斑或绿黑色条痕，一般还是比较容易区分的。

铜属于元素周期表中的ⅠB族。该族中铜、银、金三种元素的单质都具有较强的稳定性，不易腐蚀或生锈，因此，它们都曾经作为流通的货币出现在人类文明史的各个阶段中。中国古代就有“铜钱”和“银元宝”“金元宝”这三种流通的货币。不过，铜由于储量较大且稳定性比两位大哥稍逊一筹，没能和大哥们一起进入贵金属的行列。事实上，铜是能够在潮湿空气中生锈的，这也正是中国风歌曲《青花瓷》中“帘外芭蕉惹骤雨，门环惹铜绿”一句的科学依据。铜绿的形成不仅需要氧气氧化，还需要碳酸的参与，铜绿其实都是碱式碳酸铜及其水合物。而碱式碳酸铜不仅仅作为铜锈“惹”了江南烟雨，也作为一种名贵的矿石“孔雀石”点缀了衣襟发髻。天然的孔雀石具有酷似孔雀羽毛斑点的绿色和色彩浓淡相宜的条状花纹。因此，尽管孔雀石硬度低，不能长时间保持好的光泽，人们还是将其用作串珠和胸针装饰，或用在建筑物内部作为装饰材料。

和其他过渡金属小伙伴一样，铜的化合物也有一系列美丽的颜色。大家最为熟悉的硫酸铜溶液有着非常纯净的蓝色，将其浓缩、结晶后，我们会得到蓝

笔记栏

色的五水合硫酸铜晶体。然而，若我们继续烘烤这种蓝色晶体，蓝色会慢慢褪去，变成白色固体，这才是硫酸铜本身的颜色。我们所看到的蓝色，其实都来自水与二价铜离子配位所形成的四水合铜离子。而在氯化铜溶液中，当氯化铜浓度较高的时候，氯离子就会与水分子竞争，生成绿色的四氯合铜离子，它的存在就使得氯化铜溶液在浓度较高时呈现绿色，浓度较低时呈现四水合铜离子的蓝色。

铜是与人类关系极为密切的有色金属之一。古代的交通工具、兵器、日常用具都为青铜制品，古代流通的货币也有铜的身影。铜的导热性和导电性良好，可用作导线。除了这些老生常谈的作用，铜也在我们的日常生活中扮演着令人意外的角色。铜是人体内必需的微量矿物质，铜往往以酶的金属中心的形式参与人体内的生命过程。人体缺乏铜可能会引起贫血、毛发异常甚至脑障碍。与此同时，铜作为一种重金属可能会在过量摄入时产生很大的危害，浓度较高的铜离子会使蛋白质变性，如硫酸铜就对胃肠道有刺激作用，误食可能会出现呕血、肾损害等严重后果。

法国的波尔多葡萄酒闻名天下，但是在 1878 年葡萄种植却曾因霜霉病面临危机。而这时，植物学教授 P.-M.-A. 米亚尔代却发现了一个奇怪的现象：公路旁的葡萄树郁郁葱葱，丝毫没有遭受病害。他打听到园主为了防止嘴馋的路人偷吃葡萄，就在上面洒了熟石灰与硫酸铜溶液混合配制而成的“波尔多液”。经过试验，他发现，“波尔多液”的确是对抗霜霉病的好配方，而“波尔多液”由于杀灭作用具有广谱性、持效期长、病菌不会产生抗性、对人和牲畜毒性相对较低的特点成了应用历史最长的杀菌剂之一。

铜的性质之丰富、应用之广泛，哪里能够在这短短的篇幅内说完呢！

（miyukizirco，张绍然）

笔记栏

30. Zn 锌 Zinc

如果你听到一个不认识的金属的名字，又想装作非常精通的样子，你就这样描述它：单质为有金属光泽的银白色固体，延展性好，有一定的还原性，在自然界中以氧化物或硫化物等形式存在，与酸反应生成对应的阳离子，阳离子有一定的配位活性。这样说十有八九能说对。锌就是这样一种平凡的金属，它虽然身在副族，但却有着像主族金属一样简单的性质。也许这时候你会觉得，不过如此嘛，锌真的很无聊啊！

锌单质的性质不算非常稳定，有不错的还原性，但与那些在空气中没法稳定存在的金属相比，又是相对稳定的存在。由于它的活泼性比铁要高，经常用作铁的保护极。将锌板和铁相接触，或通过镀层、合金等方法加入锌之后，锌和铁会形成原电池，还原性较好的锌成为负极，首先被氧气腐蚀，从而保护了铁不被腐蚀。当锌被腐蚀殆尽的时候，就会失去保护能力，此时就要更换新的锌板。

如果说蛋白质和核酸分别是生命活动这一出大戏的男主角和女主角，那么锌离子就是总导演。很多蛋白质行使功能的活性中心是锌离子配体，很多基因的转录起始信号也离不开锌离子。更重要的是，蛋白质和核酸之间进行联络的桥梁之一——锌指结构，也是以锌离子为核心构建的。如果锌指结构缺失或异常，蛋白质和核酸就没有办法认出彼此并相互作用。

即使如此，锌在体内的含量依然不高。所有的微量金属元素大多如此，虽然功能重要但含量不高，一旦超标或不足都会引起毒性反应。

笔记栏

锌离子的化合物大多呈现漂亮的白色，同时拥有不错的稳定性，经常在颜料等产品中应用。著名的立德粉就是硫化锌和硫酸钡的混合晶体。类似地，氢氧化锌和硫酸锌也经常应用于造纸工业中。

（CCME，王文韬）

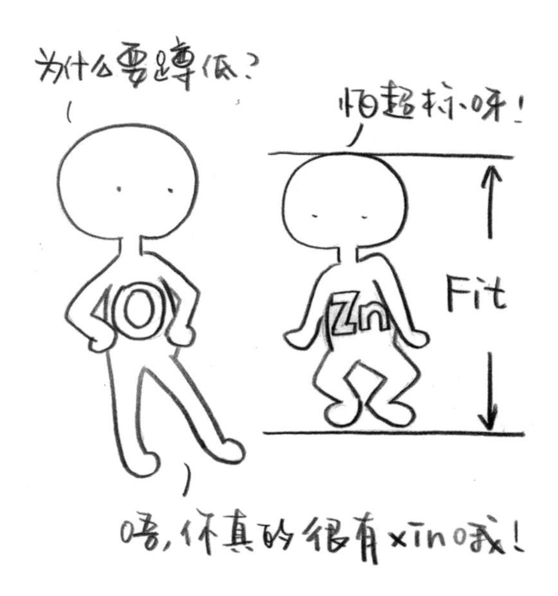

笔记栏

31. Ga 镓 Gallium

1870 年 D.I. 门捷列夫预言了 31 号元素镓，当时门捷列夫把它称作类铝，指出:“类铝是一种容易挥发的物质，将来一定有人利用光谱分析发现它。” 1875 年法国人 P.-é.L.de 布瓦博德朗果然用光谱分析法发现新元素，并命名为镓。除比重有差异外，一切都应验了。门捷列夫写信给巴黎科学院，“镓就是我预言的类铝，它的原子量接近 68，比重应该是 5.9 左右，不是 4.7，请再试验一下，也许您那块物质还不纯……”布瓦博德朗重新测定镓的比重，果然是 5.9。

镓在地壳中的含量与锡差不多，不算太少。但镓是一种伴生矿，99% 以上的镓伴生在铝土矿中。日本物质材料研究所用液态金属镓制成“碳纳米温度计”，是世界上最小的温度计。

镓与许多金属，如铋、铅、锡等，可以制成熔点低于 60℃的易熔合金。它们可以用在电路熔断器和各种保险装置上，温度一高，它们就会自动熔化断开，起到安全保护的作用。一旦失火，它们很快就会熔化，这时信号装置就发出火警信号，同时自动打开水龙头，喷出水去灭火。

金属镓，液态产品为银白色，固态产品为蓝白色，表面具有金属光泽，是制备砷化镓、磷化镓、锑化镓、三氧化二镓等半导体材料和高纯合金等制品的原料，也可用作锗、硅半导体的掺杂元素。镓的化学纯度有 99.99%、99.999%、99.9999% 和 99.99999% 四个牌号。三氧化二镓，白色结晶粉末，不溶于水，和稀酸溶液或与碱金属氧化物在高温下反应可生成镓盐。其熔点约为

笔记栏

2400℃，是制备钆镓石榴石的原料。磷化镓，橙色透明晶体，常温下其禁带宽为 2.26 电子伏，能带结构是间接迁移型。由于掺杂元素不同，磷化镓可呈现出不同颜色，是一种重要的发光材料，在电子工业中用作光电显示、光电倍增、光电存储和高温开关等器件的原料。砷化镓，外观呈亮灰色，金属光泽，性脆而硬，常温下不与空气、盐酸、硫酸、氢氟酸或碱反应。砷化镓具有电子迁移率高和抗辐射能力强、禁带宽、介电常数小以及特殊的能带结构等特点，是生产半导体的优良材料。

（xingzhang，李琛）

笔记栏

32. Ge 锗 Germanium

锗：很高兴能够站在这个舞台上。

铬：感谢大家捧场。自我介绍一下，我叫铬。我旁边这位呢，是今天的主角。

锗：我叫锗（zhě）。

铬：给大伙介绍一下你自己。

锗：（快板）你可不要小瞧我，我可浑身都是宝，我比金子都难搞，你说我呀好不好。

铬：停停停！虽然你说的是没错，但也不能这么吹啊。还是我问你答吧。

锗：好嘞！刚我可没瞎说，我们家族几兄弟，除了人工合成的 114 号元素，我是最后一个被发现，也是最后一个被运用的。倒不是说我在地壳中的含量比他们少，而是因为我是地壳中最分散的元素之一。

铬：嚯，四海为家呢你这是。那开采不方便吧？

锗：那是，不过难开采也有难开采的好处。你问我为啥？这还不简单，值钱呗！那年头，拿破仑请客用的，沙皇给 D.I. 门捷列夫颁奖用的，都是铝杯。铝现在是不值钱了，但我现在也还是值钱的哦。

铬：这么难对付，那你是怎么被发现的呢？

锗：有位叫 A.von 威斯巴赫的德国人，他没事儿喜欢捣鼓石头。1886 年的秋天，他发现了一块银闪闪的石头，然后拿给他同事 C. 温克勒研究。这哥们把已知的元素分离了，还剩那么 7% 不知道那就是我，就把我给泡在各种溶

笔记栏

液里，折腾了好久才确定我是新元素。

铬：那你的名字是这位温克勒先生给你起的？

锗：是啊，他是德国人，给我取了 Germanium 这么个名字，来源于拉丁文 Germania，意思为“德国”。顺带一提，名字来源于国家名的，还有 31 号元素高卢（古代法国）、44 号俄罗斯、84 号波兰、87 号法国和 113 号日本。

铬：以国为名，大气！

锗：我在元素周期表上的位置正好夹在金属与非金属之间嘛，所以我虽然是金属但也具有许多类似于非金属的性质，也被叫作“半金属”。

铬：但我看着你身板还挺硬朗的嘛！

锗：是这样，我是挺硬的，不过我也很脆。我不溶于水、盐酸和稀碱溶液，能溶于王水、浓硝酸和熔融的碱、硝酸盐、碳酸盐。我在空气中还算是比较稳定，600℃以上灼烧能氧化成氧化物，也能在氯气或溴蒸气中燃烧。我有两种比较常见的价态，+2 价和 +4 价，我 +2 价的时候性格会突变，还原性很强哟。

铬：没事儿没事儿，到时候会有氧去制裁你的。

……冷场……

铬：你刚刚说你浑身是宝来着对吧？那你现在混得怎么样了啊？怎么我只听过你大哥碳和你二哥硅的名号，没听说ⅣA 族啥时候出了个你啊？

锗：呃……这个……跟我的大哥、二哥比起来我没那么厉害，不过我的那个应用前景啊，还算是比较广阔的。

铬：那具体给咱说说。

锗：你也知道我二哥硅在半导体工业中的神通吧，我跟他差不太多，可以做成晶体管、整流器之类的器件，虽然现在用的也不太多了。我主要的应用是在光学上，我具有高的折射系数，只对红外线透明，不透过可见光和紫外线，所以我可以用来做红外夜视仪，可以用来给太阳能电站聚光，还能作为光纤的原料之一。

铬：听起来你混得还不错。

笔记栏

锗：还行吧，比上不足比下有余。除了刚刚说的工业上的应用，我在生命科学领域也有一些应用。我有广谱抗肿瘤活性，也可以抗炎症、抗病毒；我可以调节生物电流，促进血液循环；我可以保护红细胞，抵抗外来射线的袭击；我还可以提高代谢、增强免疫力。（小声地）虽然实际应用中我被用得不多……

铬：我懂了。

（CCME，姚艺希）

笔记栏

33. As 砷 Arsenic

我叫砷，英文名是 Arsenic。我广泛分布于自然界，主要以砷黄铁矿、火山岩中的鸡冠石、含于火山喷出物中的雄黄及其共性矿物雌黄等形式存在。这主要是由于砷与硫之间可以形成稳定的共价键，砷的硫化物难溶于水。

在中国我是丰产元素。云南的大理、巍山及湖南慈利等地盛产雄黄、雌黄，湖南郴州等地出产毒砂（即砷黄铁矿），贵州、广东等省也有不少砷矿藏。

想必大家还记得《水浒传》中，潘金莲毒杀武大郎的场景。潘金莲嫌弃武大郎相貌丑陋，为人木讷、老实（老实人做错了什么！），便在王婆的撺掇下，与西门庆勾搭成奸，毒杀武大郎。只见武大面皮紫黑，七窍出血，唇口上微露齿痕，死相极惨。这里潘金莲用的毒药便是砒霜（三氧化二砷）。

但我也可以有益于人类生活，可以被用于制造半导体。在周期表中我位于金属与非金属之间，这使我具有了非常特殊的导电性能。随着电子工业的发展，砷化镓、砷化铟等化合物，作为半导体材料的需求急剧增加，尤其是砷化镓，作为半导体激光器，用于通信、医学、精加工、激光雷达等多方面。随着砷化镓制备技术的提高，相继制出了纯度更高的砷化镓半导体。这种材料不但能极大地提高电子运行速度，而且由于抵抗外层空间辐射的能力比硅强，故更适于在卫星等航空器上使用，进一步推动电子通信技术的发展。电子工业将成为我在未来的一个非常重要的舞台。

（CCMElj，武江波）

笔记栏

34. Se 硒 Selenium

硒作为一种非金属元素，在1817年被瑞典化学家J.J.贝采利乌斯发现。在元素化学方面，贝采利乌斯是一位举足轻重的人物，他先后发现了铈、硒、硅、钽、钍等多种元素，并在1814年发表了包含41种元素的原子量表。正是这样一位伟大的科学家，却在研究硒的过程中，由于硒化氢的毒性而不幸去世。

硒在元素周期表中处于第六主族，与氧和硫处于同族，性质也颇为相似。和硫化氢类似，硒化氢也是一种带有恶臭的毒性气体。不过相比之下，硒化氢的毒性不如硫化氢猛烈致命，但仍然能对皮肤和呼吸黏膜造成严重损害，经呼吸道吸入之后也能直接对肺部造成破坏。

同在一族之中，氧、硫、硒的性质相似、价态相同，氢化物的分子结构也非常相近。氧的氢化物——水，是生命之源、万物之母，是地球生命奇迹的谱写者；而与之性质相近的硫和硒，其氢化物却都是恶臭的毒物。

硒在光敏半导体中的功用，是在19世纪70年代被开发出来的。硒单质对光很敏感，在黑暗中硒的电阻很大，但一旦被光照射，硒的导电能力会呈千倍的增加。由于这一性质，硒立即被应用于整流器之中，随后光电管、激光器等元件都用上了这一方便的感光材料。复印机、打印机等一系列与感光有关的机器都离不开硒的参与。

这一盛况持续了100年。20世纪70年代，随着硅整流器的发展，硒整流器很快被淘汰；感光元件中的硒也逐渐被性质优越、易于改造的有机光导体所

笔记栏

取代。时至今日，硒在工业中的应用早已没有百年前的广泛，只能微量地加入黄铜中提高合金强度，或是掺进玻璃里面增色。

硒参与了很多生命活动，其中最重要的两项是免疫平衡的调节和维生素的吸收。人体在缺乏硒的情况下，免疫力会大幅下降，使得癌症的发病率大幅上升；同时由于维生素吸收困难，会出现多种维生素缺乏的症状，诸如夜盲症、黄疸病、白内障等疾病，即使我们的饮食中并不缺少对应的维生素。

在日常饮食中，粮食、蔬菜、肉类等食物中广泛含硒，使得硒的缺乏病症成了仅仅在贫硒地区多发的地方病。同时，过量补充硒又会导致硒中毒。因此，要适量摄取硒哦。

（CCME，王文韬）

笔记栏

35. Br 溴 Bromine

迄今，我们已经发现了一百多种元素。这一百多种元素的单质外表可是千差万别。有闪闪发光的金属，有五颜六色的非金属。在室温下，除了汞，所有的金属都是固体。而非金属就不一样了，有气体，有固体，也有液体。

而今天的主角——溴，就是非金属单质里面唯一的液体，也是汉字中唯一有“水”偏旁的非金属元素。

单质概述

暗红色的液体，易挥发，恶臭的气味，是我们对溴的初步印象。溴的英文名字 Bromine 正是从希腊文的 Brōmos（臭味）而来的。实际上，溴和卤素家族的其他成员还是很像的：有颜色、挥发性、刺激的气味以及强烈的氧化性。正因为这样，我们平时保存溴的时候才把它用水封起来，不然，一用起溴来，满屋子都是刺激性的臭味。

溴有毒，和氯气相似，溴的蒸气若是通过空气进入呼吸道，会强烈地刺激黏膜，引起呼吸困难。溴也有强烈的腐蚀性，由于溴是液体，它对皮肤的伤害比氯和碘都要强烈。液溴与皮肤接触会产生疼痛感，并造成难以治愈的创伤。因此，如果你有机会使用纯溴（不是溴水，溴水的伤害还小些），一定记得要戴手套去取，并且要十分小心。

笔记栏

发现史

溴的发现史是一个极其发人深思的故事。在那个年代，人们已经知道氯和碘这两种元素，但是当时并不知道它们之间有什么联系。而提到溴的发现，则需要提及当时的一位大化学家 J.von 李比希。在发现溴的前四年，李比希曾经从一个德国商人那里收到过一瓶暗红色的液体，那个商人希望知道液体的成分。这本是一个极好的发现新事物的机会，可惜的是，李比希只是简单的看了看，就得出结论说是氯化碘。于是这瓶暗红色的液体在实验室的柜子里一搁就是四年。

直到 1826 年，一位叫作 A.J. 巴拉尔的法国化学家宣布，他发现了一种新的元素，这种元素是暗红色的液体，具有刺鼻的恶臭，其性质介于氯和碘之间。

巴拉尔在研究盐湖的植物时，将从大西洋和地中海沿岸采集到的黑角菜燃烧成灰，再浸泡得到提取液，他向提取液中通入氯气得到了溴。这个发现震惊了化学界。当李比希听到这个消息时，猛然想到了柜子里那瓶“氯化碘”，他急忙把那瓶液体拿出来，仔细分析，才发现原来那瓶搁置已久的液体，正是这种新元素。这对李比希来说，是一个既激动又痛心的事情，一个重大发现，就这样与他失之交臂了。他为了警诫自己，特别把那瓶暗红色液体放在原来的柜子里，并把柜子搬到大厅中，在上面贴上一个工整的字条——“错误之柜”。

存在与应用

如前所述，溴也是大海的元素。海水中有大量的溴，除此之外，盐湖和一些矿泉水中也有溴。由于其单质活泼的性质，在自然界中很难找到单质溴。最常见的形式是溴化物和溴酸盐。海藻等水生植物中也有溴的存在，最早发现的溴就是从海藻的浸取液中得到的。

现在当然不是用烧海带的办法得到溴了。向海水中通氯气，是工业上比较通用的制备溴和碘的方法。实验室中，则用溴氢酸与过氧化氢反应或溴化钾与

笔记栏

溴酸钾反应制备溴。

也许有人会觉得溴这个元素离我们的生活很远，只能在实验室里看到它和它的化合物。但其实，研究发现溴离子在催化动物体内基底膜的形成中起到了重要的作用。而且溴的化合物用途也十分广泛。

溴有很强的氧化性和腐蚀性，因此溴的一些化合物常用来消毒和杀虫等，如溴甲烷曾用作农药。溴化银被用作照相中的感光剂，当你“咔嚓”按下快门的时候，相片上的部分溴化银就分解出银，从而得到我们所说的底片。溴化锂制冷技术则是一项环保的空调制冷技术，其特点是不会有氟利昂带来的污染，所以很有发展前景。溴在有机合成中也是很有用的一种元素。在高中的时候我们很多人就做过乙烯使溴水褪色的实验，这实际上就发生了加成反应。在制药方面，有很多药物里面也是有溴的。灭火器中也有溴，我们平时看到的 1211 灭火器，其主要成分就是有一个溴原子的多卤代烷烃——二氟一氯一溴甲烷；同时，一些溴化物也用作阻燃剂。但是，与有机氯化物一样，含溴的有机卤化物若释放到空气中则会释放出卤原子，引起臭氧分解，造成环境污染，因此其使用也在逐渐减少。

（heimao，陈少闯）

笔记栏

36. Kr 氪 Krypton

在中国传统文化中，隐士代表着高洁与清雅，与世无争的背后隐藏着对人生的洞悉和超脱的智慧。

稀有气体都可谓是元素世界里不折不扣的隐士，氪也是其中的一员。话说当年著名化学家 W. 拉姆齐和年轻的英国化学家 M.W. 特拉弗斯试图用加热稀有矿物的方法寻找他的踪迹，却不幸以失败告终。直到后来他们在观察放电管中用高压电电离后的空气时，发现了黄、绿两条新谱线，与已知物质的谱线都不重复，经过细致的分析，终于确定了这是一种新元素的谱线，并将这种新元素命名为 Krypton，含有“隐藏者”的意思。氪的含量很稀少，隐逸在空气当中，难以发现他的踪影。1898 年 5 月 30 日晚上，拉姆齐和特拉弗斯两人反复测量新气体的密度，发现这种气体在周期表上的位置恰好居于溴和铷两元素之间。这一发现使他们十分兴奋，青年化学家特拉弗斯甚至把预备参加的第二天的科学博士学位考试都忘记了。

言归正传，别以为氪兄弟是没有本事才不敢出头的，“酒香不怕巷子深”，隐士的身份已注定其身手不凡。应用最广的一面就体现在检漏技术当中。氪的放射性同位素氪 -85 会从被检器件的漏孔中不断放射出射线，人们用简便的射线监测仪，就可以测知被测器件的泄漏程度。利用氪 -85 还可以检查晶体管元件、弹头、电器、石油管道、飞机密封舱等，灵敏度极高，操作和维修也很方便，因此正受到越来越广泛的重视。除此之外，氪同其他稀有气体一样，可用作惰性保护气体，也可在医学中用作示踪剂。氪 -86 发射谱线的波长还曾作为

笔记栏

长度单位“米”的国际标准。

氪主要是从空气中分离得到，氪 -85 可在核反应堆的废气中通过简单的吸附得到，方便了氪检漏技术的发展。

这个“隐藏”元素的元素符号为 Kr，原子序数 36，原子量 83.798。氪在地球大气中的含量为 $1.14\times10^{-4}\%$（体积百分数），在矿石和陨石中也含有痕量的氪。氪有 6 种稳定的同位素：氪 -78、氪 -80、氪 -82、氪 -83、氪 -84、氪 -86。由铀裂变和其他核反应产生的氪的放射性同位素约有 20 种，氪 -85 的半衰期为 10.73 年。氪是无色、无臭、无味的气体，熔点 -156.6℃，沸点 -152.3℃，气体密度 3.736 克/升（0℃，1×10^{5}Pa），在水中的溶解度为 62.6 厘米^3/千克水。

（rainbowserie & flyingbaby，陈少闯）

笔记栏

37. Rb 铷 Rubidium

在这一个被唤作“碱金属”的家族，已经介绍给大家的，有古灵精怪的锂、光彩照人的钠以及超级超级可爱的钾宝宝！然后就是温柔妩媚的铷了。下面，隆重请出我们的第 37 号元素——铷！

她拥有一个美丽的名字——铷。元素的世界里，她是女人中的女人。她有着温柔纯洁的银白色肌肤，她是如此的柔软孱弱，楚楚可怜，些许的热情都能令她感动，使她熔化。在室温下她都可能自怨自艾地燃烧起来，一如那个妒红颜的林妹妹。可是，一个最柔弱的女人却有着一颗最妩媚的心，她并不招摇，以至于匿身于那五彩缤纷、争奇斗艳的光谱中不露痕迹。然而，她是女人中的女人，她的光谱线是最红的红色。

终于，1861 年，德国化学家 R.W. 本生和 G.R. 基尔霍夫以他们的慧眼识出了这个降落凡间的女子。她的芳踪初现于萨克森地区锂云母矿中的矿泉水。在 44000 升杜汉尔矿泉水不断蒸发后浓缩的溶液中，其他的已知元素被一个接一个地提出，本生先是发现了她的姐姐，有着美丽天蓝色谱线的铯。到最后，溶液里就只剩下了铯和钾两种盐。当本生把钾盐也一点一点冲洗掉后，分光镜发出了一个意外的信号：混合液里的光谱上先出现了两条新的紫线，跟着又出现了几条绿线和黄线，最后是几条暗红线，但颜色却特别清楚。原来还有一种新元素，隐藏在杜汉尔矿泉水里！没错，在这个光与颜色的魔幻世界中，她的谱线是两条美丽的暗红色，于是，她被精妙地命名为 Rubidium，拉丁语中意为“深红色”。

笔记栏

尽管铷如此柔美，她的热情却无人能挡。铷秉承了碱金属家族活泼的天性，她也有着火样的热情。她与水、甚至 -100℃的冰也能发生剧烈反应，生成氢气和氢氧化铷。在氧气中，她甚至可以自动燃烧起来，与有限量氧气作用，生成氧化铷；在过量氧气中燃烧，生成超氧化铷。她也能与卤素发生剧烈的反应。

不过，与元素世界的另一位美女氟不同，氟的活泼来源于她致命的吸引力，铷的活泼源于她强烈的给予心。她毫不吝啬地把自己最外层的那一个电子无私奉献，所以有更多的人愿意与她结合。失去那一个电子的铷离子能使火焰染成美丽的紫红色。

其实，在这个世界上，她并不需要疯狂的拓展自己的领地，大自然中，她的身影并不常见，在地壳中的含量仅为 $9\times10^{-3}\%$，是个稀有的尤物。她的足迹十分分散，至今尚未发现单独的铷矿物，她存在于其他矿物中。铷在锂云母中的含量为 0.3% ～ 3.5%，在光卤石中的含量虽不高，但储量很大。她更愿意匿身于博大温柔的海水中，海水中含铷量约为 0.121 克/吨。现在人们用重结晶法从盐水中浓缩氯化铷，一般经过几十次重结晶，才能得到较纯的氯化铷。由

笔记栏

于铷非常活泼，所以不能用常规的电解法生产，而要用金属热还原法，用钙还原氯化铷或者用镁还原碳酸铷，都可以制得铷。

虽然铷具有超级活泼的天性，但她在生活中并不十分常用，大概是美女不太亲民的缘故，或者也可能是由于她实在太脆弱。不过铷盐常被应用于玻璃工业和陶瓷生产。铷在光的作用下易放出电子，可用于制造光电池。她和钾、钠、铯形成的合金可用于除去高真空系统的残余气体。碘化铷银是良好的电子导体，可用作固体电池的电解质。氧化铷可用于调整光学玻璃的密度和折射率，生产光敏玻璃和光色玻璃。最值得一提的是，铷的特征共振频率为6835兆赫，可以用作时间标准。铷原子钟的特点是体积小、重量轻、所需功率小，这可谓铷应用史上浓墨重彩的一笔！

最后赋诗一篇，以示纪念：

花谢花飞飞满天，
玉面柔心有谁怜？
我自坚贞向天笑，
终留红焰耀人间！

（GFeiFei，黄纯熙）

笔记栏

38. Sr 锶 Strontium

黑暗，死一样的黑暗。

他睁开眼睛，看到的只是黑暗。四周寂静，暗藏着无比巨大的压力。

嘀嗒，嘀嗒……滴水的声音。这声音很微弱，仿佛是从很远的地方传过来，也好像是发自内心的声音。这声音提醒他自己还有意识。水滴打击在沉默的岩石上，落入冰冷的地下湖中。没有人知道在这些如同黑夜一样平静无波的湖水底下，隐藏着怎样的秘密。

他慢慢感觉适应了这黑暗。他回想起上一刻，在那血一样的火中，他来到了这个世上。他只看到了一刻光明，在那一刻，他感到自己是实实在在存在的，但现在呢？他不知道过了多久，亿万年？或者只是转瞬之间？

周围渐渐出现了光，这微弱的光看起来飘摆不定。这光，让他感到了一丝温暖，让他回想起了那初生时的光明。但眼前的这光，透过冰冷的湖水，看起来好像要撕裂这一片寂静。这光似乎在变强，突然，这光发射出万道光芒，伴随着轰隆的巨响。他的意识渐渐模糊……

再醒来的时候，一切都很恍惚，仿佛在梦中一样。

“你是谁？”

他回头看，一个绅士打扮的人站在他后面。

“我……”

“你不是重晶石，虽然你们很像，以前人们一直把你们当作同一种矿石。你是谁？”

笔记栏

他仍旧恍惚，隐约中，他想起他诞生的那一刻，有个和他很相似但个头大一些的家伙在他旁边。

一阵凉风吹过，他清醒了许多，他看到自己待在一团青色的帷帐中间。这帷帐仿佛是一道墙，一道透明的墙，不仔细看，他还以为只是一团青色的烟雾。再抬头，那个戴着高高的礼帽，拿着细细的拐杖的绅士已经不见了。他暗自揣度，仿佛刚才的一切都是一场梦。

“我是谁？……”

又不知过了多久，他看到一丝丝微弱的光在帷帐外面闪烁。他瞪大眼睛，原来是一些小火花。他渐渐感到温度在升高，眼前的青色烟雾仿佛在凝结，像熔化的蜡烛一样流下。他的思维飞转。发生了什么事？

“哈哈，我终于得到你了，Strontium！我就知道电解是肯定可以的。”

他回头，又看到了那个绅士，但相貌似乎不同了。随着青色的帷帐渐渐地消失，他看清楚了眼前的这个人。

“我是谁？”

“原来你还不知道你是谁啊，你就是Strontium，周期表里的第38号元素。”

“Strontium？”他有些不知所措了。

“是的，你是在苏格兰斯特朗申（Strontian）被发现的。为了纪念发现地，你就被命名为Strontium。”

“这样啊。”

“是的，看起来你还是和钡很相似的。”这个同样戴着高高的礼帽的人喃喃自语，“你是银黄色的，和钡一样，很活泼。”

他越来越恍惚，不知道这个人在说些什么。但戴帽子的人显然还沉浸在喜悦之中，丝毫没有理会他的迷惑不解。

“你的熔点是777℃，沸点1382℃，密度2.64克/厘米^3，焰色是鲜红色。你的氧化态为+2，你与冷水反应会放出氢气并且生成氢氧化锶，你在空气里面可以燃烧，你与硼可以化合生成硼化锶，这将是一种导电性很好的物质，可

笔记栏

以和金属相媲美。你和液氨反应可以生成六氨合锶，这将会是一种具有金属光泽的固体，不过这些就将由后来的人慢慢探索了……”这个人仍旧滔滔不绝地说着。

他感到有些厌倦了。“请问，”他打断那个人的话，虽然这样让他觉得很不礼貌，“我可以做什么？”

“你可以做什么？”戴礼帽的人顿了一下，不过马上面带微笑，“我看看啊。呵呵，你还是自己去看看你可以做什么吧。”说完，一团银白色的光笼罩在这个人身上，这个戴礼帽的人渐渐消失在这柔和的白光之中。而透过这团白光，他仿佛看到了自己的未来，可能变成他诞生的时候的那团光，做照明灯或者曳光弹；也可能变成便宜的干燥剂。

他突然对未来充满了希望，但他不能想这么多，他既没有机会，也没有选择，他只能静静地等候命运的再一次安排。

画外音：通过电解得到锶的绅士就是英国化学家 H. 戴维，他使用电解法相继分离出金属钾、钠、钙、锶、钡和镁，是一位了不起的化学家。

（Serine，黄纯熙）

笔记栏

39. Y 钇 Yttrium

钇与稀土

对于稀土这个词，现在我们已经不是很陌生了。在元素周期表这个大家庭中，第 3 副族（ⅢB）的钪、钇和镧系元素被称为稀土元素。早先，化学家们把那些具有一定碱性，不溶于水且难熔融的物质统称为“土”。稀土这个名字其实有点片面，因为并不是所有的稀土元素都在地壳中含量稀少，只是它们经常共生，而且从矿物中提炼出来也很费劲，所以人们把它们称为稀土。在元素周期表中它们占了第 3 副族大部分房间，不过实际上镧系的 15 个元素是挤在 1 个房间里的，所以化学家们又为它们开辟了一套新的“公寓”，放在主楼的下面。这就是我们现在最常见的元素周期表的格局。

当然，今天的主角不是镧系元素。按照顺序，现在轮到钇了。钇在地壳中的含量还是不低的，丰度为 $2.8\times10^{-3}\%$，在所有的稀土元素中位居第二。稀土家族的传统是共生，即不同的稀土元素经常共生于同一矿物中。钇也是如此。最早发现钇的硅铍钇矿中就有钇、铒、铽等稀土元素，独居石中则存在钇、镧、铈等几种稀土元素。这一特点也为钇的提取带来了一定困难。

发现史

钇是 18 世纪在瑞典发现的。18 世纪 80 年代，一位瑞典军官 C.A. 阿雷纽

笔记栏

斯在瑞典斯德哥尔摩附近的一个叫 Ytterby 的村庄发现了一种外表像煤一样的黑色矿物。90 年代，芬兰化学家 J. 加多林分离了这种矿石，得到了一种“新土”。经后人分析，证实其中的确含有一种新的元素，人们把这种元素命名为 Yttrium，把这种“新土”称作 Yttria，意思是在 Ytterby 发现的新元素。而那种黑色矿物则被命名为加多林矿，以纪念加多林，它就是上文中提到的硅铍钇矿。

单质性状

纯净的钇是质软的银白色金属，熔点和沸点都较高，分别为 1522 ℃和 3345 ℃，密度在金属中并不算重，为 4.469 克/厘米^3，属于相对较轻的金属。金属钇因表面能够形成一层氧化膜而稳定存在于空气中，但高温下钇有比较强的还原性，易燃，与水在一定条件下反应生成氢气。钇主要以化合物的方式存在于矿物中，如硅铍钇矿、独居石、钇铀矿等。

应用与前景

也许你会觉得钇这个元素有些陌生。的确，钇在很多人的眼中是离我们生活很远的。它既不能做锅碗瓢盆，也不能做飞机大炮；它的化合物，既不像氯化钠那样能做调料，也不像氧化钙那样能做建筑材料。似乎你周围常见的东西里都没有钇的身影。的确，在 18 世纪钇被发现之前，钇的确和人类世界没什么联系，一直默默地存在于矿石里。然而，随着科学技术的发展，钇在当今社会中越来越显示出它的重要性。

相信你对彩色电视一定不陌生，但是你知道彩色电视的彩色是怎么来的吗？对，是荧光粉。而钇就是这荧光粉的主角。众所周知，彩色电视的原理是基于光学中红、绿、蓝三原色按比例混合得到多种颜色的。目前通用红色荧光粉中掺有钇（III）、铕（III）氧化物，绿色荧光粉中掺有钇（III）、铽（III）硅

笔记栏

酸盐。在彩色电视机中使用以钇为代表的稀土荧光粉来代替非稀土荧光粉，是彩色电视的一次重大革新。现在，当你端坐在电视机前或是电脑屏幕前的时候，你是否会想到，那里面就有今天的主角——钇。

稀土元素在冶金工业中也有很重要的作用，是金属的“强心针”。少量钇加入铁铬合金等不锈钢中，能增强它们的抗氧化性和延展性。钇锆合金中加入少量富钇稀土，能显著提高合金的导电性能。含钇达 90% 的高钇结构合金，可以应用于航空和其他要求低密度、高熔点的场合。

钇在当今最热门的用途还要数高温超导材料了。高温超导一般是指在液氮温度以上有超导特性，即临界温度高于 77.3K 的超导现象。著名的钇钡铜氧高温超导体就是其中的代表，而钇也将因为高温超导而越来越受到人们的关注。

（heimao，张欣睿）

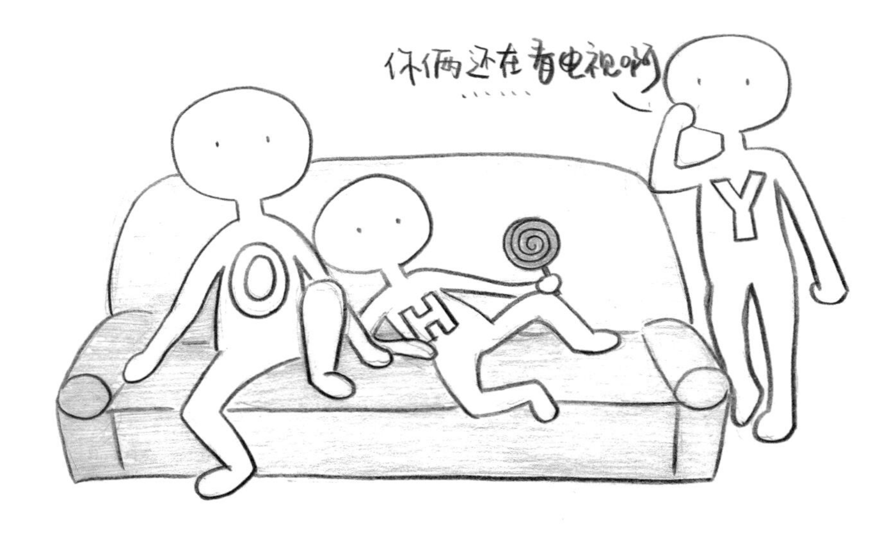

笔记栏

40. Zr 锆 Zirconium

我是锆，第 40 号元素，就住在周期表第ⅣB 族钛和铪中间的小隔间里。

我的名字叫 Zirconium，源于锆石的英文名 Zircon。

说起锆石，那可值得我夸耀一番了。我在地壳中的含量为 0.015% ～ 0.023%，而锆石是我的母族，聚落遍布全球，主要集中于澳大利亚和南非。锆石颜色极其丰富，红、橙、蓝、绿、无色，应有尽有。蓝色和无色的锆石更受人们青睐，而橙红色的锆石则有一个美丽的别名叫作“风信子石”。锆石有很高的折射率和色散值，使其具有和钻石一样的光彩，可以映出五颜六色的彩光。但世上没有两片一模一样的叶子，锆石和钻石虽然形似，却有着各自的灵魂。比如，锆石的密度足有 6.5 克/厘米^3，而钻石只有 3.5 克/厘米^3；比如，锆石的硬度为 7.5，钻石则为 10，不会像锆石一样存在磨损磕碰的痕迹；再比如，锆石有较高的双折射率，观察刻面相交的棱往往可以看到重影的现象，而钻石是立方晶系，各方向折射率相同，不会出现重影……锆石并不昂贵，而我藏匿其中，见证着芸芸欢喜如风信子一般绽放。

我因为氧化锆和三氧化二铝性质相似而被错认、忽视，直到 18 世纪末才姗姗登场。1789 年德国化学家 M.H. 克拉普罗特将锆石和氢氧化钠共熔，并用硫酸、碳酸钾等处理，得到一种新的沉淀物，并为其中包含的新元素取名为 Zirconium。但事实上，他并没有得到纯的锆，那沉淀物主要是我的氧化物氧化锆。直到 1824 年，瑞典化学家 J.J. 贝采利乌斯用金属钾和锆酸钾的混合物制得不纯的金属锆。1925 年 A.E.van 阿克尔和 J.H. 德博尔制得高纯度且有延

笔记栏

属性的块状金属锆。

18 世纪的人们认为我不堪大用，但现如今，从用于制造耐热坩埚的氧化锆到用于自行车架、眼镜架的锆铝合金，到处都有我的身影。锆金属表面被氧化后会形成氧化锆薄膜，使我可以抵御大多数酸碱的腐蚀，不仅可以用于化工厂，还可用来做人体植入物。除此之外，我最重要的用途则在核工业。核反应堆通过核燃料的裂变反应释放巨大的能量，而这个过程需要中子来引发，反应产生的新中子则继续轰击，形成链式反应。这时如果器壁的材料吸收中子，则会降低反应效率。而我的热中子俘获截面极小，可以用作原子能反应堆的结构材料，因此核工业中锆的需求量很大。

（CCME，冀怡）

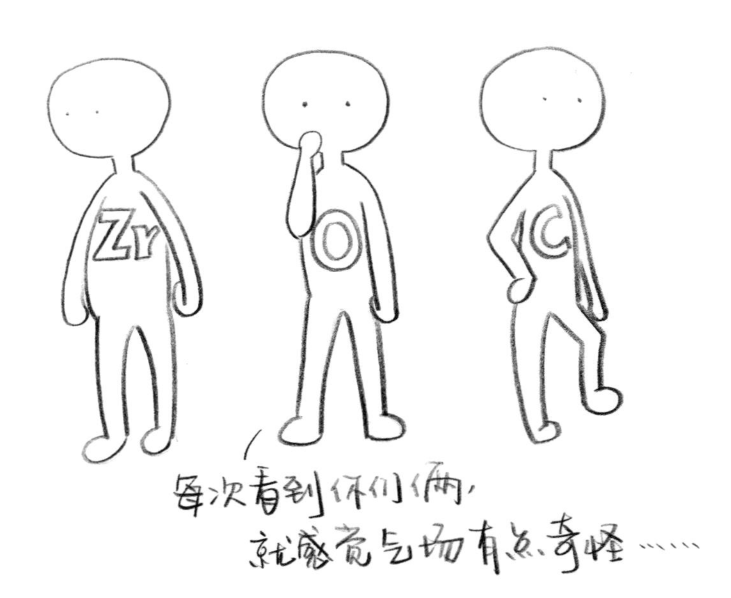

笔记栏

41. Nb 铌 Niobium

我是铌，英文名字是 Niobium。

1801 年，英国化学家 C. 哈切特在一种黑色矿石中发现了我，并因为矿石是在哥伦比亚发现而称我为钶。但正因我和钽的性质如此相似，后面的近半个世纪中，人们对于矿石中究竟存在哪些类钽元素而困惑不已，英国化学家 W. H. 沃拉斯顿甚至认为我和钽是同一种元素。直到 1844 年，德国化学家 H. 罗泽才确定矿石中含有我和钽两种元素，并为我命名为铌。1950 年国际纯粹与应用化学联合会（IUPAC）采用 Niobium 作为我的正式名称。

我是一种相当冷漠的元素。我的化学性质非常稳定，抗腐蚀能力一流，即便是王水，也奈何不了我。常温下我的金属表面有一层致密的氧化膜，可以保证我刀枪不入。也正因如此高冷，我常常在纪念币中出现，奥地利自 2003 年开始发行的银铌欧元硬币中就有我的身影。而我最激动人心的应用是在超导领域。我和钛组成的合金是一种临界温度在 10 K 左右的超导体，可用于许多大型超导磁体，比如粒子加速器、大型强子对撞机，你甚至可以在医院的核磁共振扫描仪中找到我。

我还加入了合金的特种部队，用于制造各种超级合金和特种钢，比如用于天然气管道的抗爆合金和航空航天的耐高温合金。哪怕我的含量只有 0.1%，也可以显著地提高钢材的力学性能。实际上，钢中只需加入 0.03% ～ 0.05% 的铌，就可以使其屈服强度提高 30% 以上，因此大部分铌都被投入到了钢铁生产中。

（CCME，冀怡）

笔记栏

42. Mo 钼 Molybdenum

大家好，我是钼，是铬家族中最不才的一个。

大家应该也看出来了，虽然在同一个家族，我远远比不上我的铬老弟和钨老兄有名。最初，人们误把我认作铅，连我的名字 Mo 都是来源于希腊文的铅（Molybdos）。而我在地壳中的主要形式辉钼矿，在很长一段时间里也被当作是石墨，被当成铅笔使用。在经历重重困难我终于被大家认识，回归了铬家族。本来以为终于可以享福了，却碰上了两个不靠谱的兄弟。

说起我的两个兄弟我就气，一个明明一身好本事却专心做他的绝世好男人，一个天生光芒万丈一心想当大明星，把我一个人留在家里，每天苦心经营我们家的钢铁产业。什么，你竟然没听说过我们家的产业？那你可是有所不知，我和我的钨老兄可是中国的丰产元素。中国辽宁杨家杖子的辉钼矿是世界最大钼矿之一，中国的钼储量仅次于美国。我的钨老兄就更厉害了，他在中国的矿藏量位居世界第一，约占世界储量的 60%。这下你知道我每天工作有多辛苦了吧！

不过幸好，我从小也和铬老弟、钨老兄一起锻炼出了强健的身体，还不至于被繁重的工作压垮。作为家族产业的继承人，我可是十分靠谱的，每天都花 80% 的时间在经营项目上。我的特点是高强度、高熔点、耐腐蚀、耐研磨。而我最擅长的，是和我的几位兄弟一起，制造特种钢。特种钢坚韧、耐高温，可以用来制造高温切割工具、大炮、坦克等。看看，我是不是十分优秀！

在我少得可怜的闲暇时间里，我最喜欢的就是和氧一起玩了。我们俩可以

笔记栏

手拉手形成钼氧八面体，之后通过叠罗汉形成七钼酸根、八钼酸根等同多酸。我们还能和磷小弟、硅小弟一起形成杂多酸，穿上各种颜色的衣服，形成极其复杂的多阴离子体系，这引来了很多化学家们的关注。到现在，我还记得化学家们第一次见到我们形成的磷钼酸铵时吃惊的模样呢。

不仅如此，我还是所有动物、植物和人类的好朋友。我是生物体内很多酶的辅因子。哺乳动物体内黄嘌呤氧化酶、醛氧化酶都是我的伙伴。我已经被确定为植物生命基本的微量营养元素，直接参与固氮以及氮的同化作用。备受关注的固氮酶（固氮铁钼氧还蛋白）也有我的踪迹。

嘻嘻，这下你认识我了吗？

（Aranjuez，沈星宇）

笔记栏

43. Tc 锝 Technetium

锝的发现——存在于自然界的人造元素

元素们在讨论谁的发现最有技术含量。钾说自己是H. 戴维"电"出来的，镓说自己是D.I. 门捷列夫"算"出来的，铷和铯说他们是G.R. 基尔霍夫"看"出来的，镭说他是居里夫妇生生给"熬"出来的……大家正讨论得不可开交，住在中间一个小房子里的锝发话了："什么？技术含量？看看我的名字Technetium。"顿时四下寂然。

当初门捷列夫设计好元素大楼，一个个元素陆续入住，但是总有那么几间空屋子，主人迟迟不见踪影。科学家们上天入地寻找他们，却一无所获。锝，就是这样一个家伙，人们称之为"类锰"。

发现锝的确是一项有技术含量的成就。历史上一次次地宣称发现"类锰"，又一次次地被否定。直到原子核的秘密被一点点揭开，人们才知道43号元素不可能有稳定同位素，于是暂时放弃了在矿物中的寻找。1937年，美国加州大学伯克利分校的E.G. 塞格雷和意大利巴勒莫大学的C. 佩里埃首次发现了"类锰"——锝元素。之后塞格雷和同事G. 西博格用加速器加速氘核至8兆电子伏，然后轰击钼靶，得到了第43号元素，这是人类第一次分离出锝。科学家用希腊文Technetes（意为"人造的"）来命名这种元素，元素符号为Tc。

有趣的是，虽然锝是一种人造元素，但自然界中也可以找到他的踪迹。1962年，人们在沥青铀矿中也找到了痕量的、铀自发裂变产生的锝，每千克

铀矿中仅含 2×10^{-10} 克。

笔记栏

锝的应用——自然界中也存在的人造元素

就是这样，锝从加速器里被“打”出来了。最初得到的是锝 -97 和锝 -95m，后来锝家族逐渐人丁兴旺：质量数从 85 到 118，有 57 种同位素，其中好多是同质异能素（质子、中子数都相同，但核子所处能量状态不同的同位素）。但最有作为的，还要数锝 -99 和他的孪生弟弟锝 -99m。

先说锝 -99 吧，他虽然不是同位素中半衰期最长的，但因为是铀裂变的产物，在反应堆燃料中含量很高。随着原子能工业的发展，锝 -99 年产量已达到吨的量级，远远地超过了他的兄弟们。由于供应量大，寿命也足够长（半衰期 2 万年），锝 -99 成了人们研究锝的基础。锝的化学性质类似于他的邻居铼，常见氧化态有 +3、+4、+6、+7。低价态锝容易形成簇合物及配合物，+7 价的高锝酸盐很稳定，是最常见的锝化合物。高锝酸盐是优秀的金属防锈剂，在 250℃的水和空气中，55 毫克/升的高锝酸钾就足以保护钢铁数年之久。

锝 -99m，名字只和他哥哥锝 -99 差一点点，但性质却完全不同。他的半衰期要比锝 -99 短得多，仅约 6 小时。他的衰变过程会释放能量单一的软 γ 射线，波长与医学成像用的 X 射线接近。较短的半衰期可以保证患者尽可能低的辐射暴露总量，而且锝 -99m 的衰变容易被检测，因此他十分适合成像，是核医学领域的明星。

（CCME，王茂林）

笔记栏

44. Ru 钌 Ruthenium

大家好，一路看到现在已经是第44篇了，辛苦啦。先自我介绍吧，我叫钌，英文名叫Ruthenium，来源于拉丁文的Ruthenia，原意为“俄罗斯”。我在大厦里住44号，我们ⅧB族是个大家庭，但是四楼跟五六楼的兄弟们性格很是不同，合不来就分家吧！于是分为铁系和铂系，我们铂系还有一个非常华丽的名字，叫“贵金属”。嘿嘿，分家之后为了这个名字我还高兴得好几天睡不着觉呢。

按元素周期表的辈分，我是铂系的老大，后面的五个弟弟依次是铑、钯和六楼的锇、铱、铂。为啥叫我们“贵金属”呢？从价格上说，我们都非常昂贵。从理化性质上，我们有着顽强的性格，不易被腐蚀，熔点也相当高。而且我们在地壳中含量少，难提炼，因此被称为贵金属。但是论发现的年份，我才是最小的。铂比我大了100多岁，老四老五（铱和锇）也在1804年被同时发现，而在此之后40年我才被发现。诗云“吹尽黄沙始到金”，但其实，我在地壳中的含量比金还少，是铂系金属中最少的，而且一般的铂矿中都找不到我，只有亮锇铱矿中才有较高的含量。

我的发现过程同样一波三折，曾经有许多人与我擦肩而过，最终俄国的C.C.克劳斯锁定了我的身影。不扯远的，就从1828年说起。这一年，J.J.贝采利乌斯和G.W.奥赞到乌拉尔山区考察铂矿。他们先取得粗铂，再从中提炼出钯、铑、锇、铱四种金属。虽然奥赞宣称他还发现了另外三种新金属，并匆匆命名为“Pluranium”“Ruthenium”“Polinium”，但是贝采利乌斯则不同意这种仓促的做法。克劳斯年轻时做过药剂师，1831 年，入喀山大学攻读化学，他对铂矿很感兴趣，并想努力破解奥赞提出的悬案。1840 年，他从彼得堡的一位炼铂工匠那里廉价买到了两磅铂渣。经分析，他发现其中含有 10% 的铂，这是很大的浪费。他向政府矿务局报告，并受到俄国财务大臣的重视，于是矿务局的工程师们热情地赠给他很多铂渣支持他的研究，而这些铂渣恰好来自亮锇铱矿。克劳斯将这种铂渣和火碱、硝酸钾混合，在银坩埚中熔解，然后把熔块投到大量的水中，得到了一种橙黄色溶液。当用硝酸酸化时，即有黑色沉淀析出。他将沉淀与王水一起蒸馏，从蒸馏物中析出黄色晶体，而最后的残渣是棕红色粉末。他尝试用氯化铵溶解残渣，得到一种暗红色晶粒而且不易溶解。最后他根据灼烧氯铂酸铵的经验同样灼烧这种晶体，正如所料，晶体分解生成了一种海绵状金属。通过这一系列反应，他断言这是一种新的铂族元素。经过科学家们的努力，我终于被世人认识了。

说到我的用途，单用我自身肯定不行了，不只是贵、难提炼，也没什么大用途。单质状态时我的性质跟铂系其他兄弟很像，有些方面还不如他们。单质性质上最威风的是铂，那就等他自己来介绍了。除了用来做合金，我最大的作用还是配合物上。呵呵，这就要说到我最辉煌的当代史了。

我们铂族金属的很多价态都容易形成配合物，很多情况下我倾向于六配位。篇幅所限，这里就重点提一类受瞩目的分子——钌的联吡啶配合物，这其中最传统也是研究最多的就是三联吡啶钌了。三联吡啶钌结构上就像一个三叶片的电扇。如果说电扇用电能形成了气流，那么三联吡啶钌则用太阳能形成了电流。在光的激发下，通过金属－配体电荷转移跃迁，我就可以把电子从自身传给联吡啶，联吡啶再把电子传给下一个受体，同时我也从给体那里抢了个电子回来补上，如是循环往复。三联吡啶钌在光致电荷转移机理研究方面给人们提供了很好的研究对象，而且也被应用到光合制氢、太阳能电池等许多方面。

除了光电转化以外，近代以来我还在催化领域大放异彩！固体的我可以像小弟钯一样吸附氢气，把氢气加给有机分子的双键、三键。虽然不如小弟钯那么擅长，可是我还有一手更厉害的配合物催化：碳－氢键是有机分子当中惰

笔记栏

性的化学键，可是我就像一个精准的导弹一般，在导向基的指引下高效定向地切开碳－氢键，使其发生反应。不光碳－氢键，艺高人胆大的我也能对碳碳双键下手。复分解反应是由两种化合物互相交换成分，生成另外两种化合物的反应，也就是 AB＋CD → AD＋CB。而在科学家精密改装后，我的配合物能使烯烃双键两端的基团发生复分解反应。我和卡宾的配合物先和一个烯烃成环，在优雅的舞步间就把自己接在这个烯烃上，再找到另一个烯烃分子，故技重施，最后再全身而退，回到原始的状态，接着投入另一轮催化。2005 年的诺贝尔化学奖就是在表彰我的。

好啦，就说这些吧。欢迎大家继续找些资料来认识我，帮我早日实现太阳能的普及化，关注我领衔的催化行业！

（nozomi，王泽淳）

笔记栏

45. Rh 铑 Rhodium

大家好，今天的要介绍的元素是铑，元素符号为Rh。虽然铑的中文名称不太出彩，英文名称却是很Romantic的哦。Rhodium，由发现者W.H.沃拉斯顿命名，源自希腊词Rhodon，是“玫瑰”的意思。1803年英国化学家兼物理学家沃拉斯顿在处理铂矿时，制得了金属铑。铑是硬的银白色金属，其熔点是1964℃，沸点3695℃，密度12.41克/厘米^3。

说完了性质，再来看看用途。是金子总要发光，铑虽然不是金子，但也绝对是贵金属俱乐部的“大铑”，在我们的生活中是不可或缺的。它可以用作高质量科学仪器的防磨涂料。铂铑合金用于生产热电偶，也用于车前灯反射镜、电话中继器、钢笔尖等。作为贵金属，铑的“贵”也体现在节节攀升的价格上。铑价上涨的原因是需求的增长。由于各国排放法规的严格化和汽车产量的增长，汽车工业中铑的需求猛增；玻璃工业各生产商为了满足液晶显示器剧增的需求，纷纷扩大玻璃基板的产量；玻璃纤维行业对铑的需求也在迅速增长。铑在将来的需求也会进一步扩大。

铑也在电镀工艺上占有一席之地。铑镀层呈银白色，稍带浅蓝色调并有光泽，是一种反射率高、耐磨性好、接触电阻小、导电性好、化学稳定性高的镀层，在光学仪器、电器工业、首饰加工等领域应用广泛，比如化学仪器、反光镜等等。铑的化学性能十分稳定，电镀过程中易析氢，内应力大，而且铑本身价钱贵，需要回收，因而铑盐制备、镀液选择、回收技术应用等成了研究的热点。

笔记栏

值得注意的是，铑镀层优良的性质也会被一些黑心商贩利用。大家上街购物的时候时常会被首饰柜台吸引，如果一个首饰看上去很亮很有光泽，而价位却比较低，你就需要警惕首饰的内部有可能是普通的合金，只是镀上了华丽的外表。这个外表，就是铑。

（CCMElj，王泽淳）

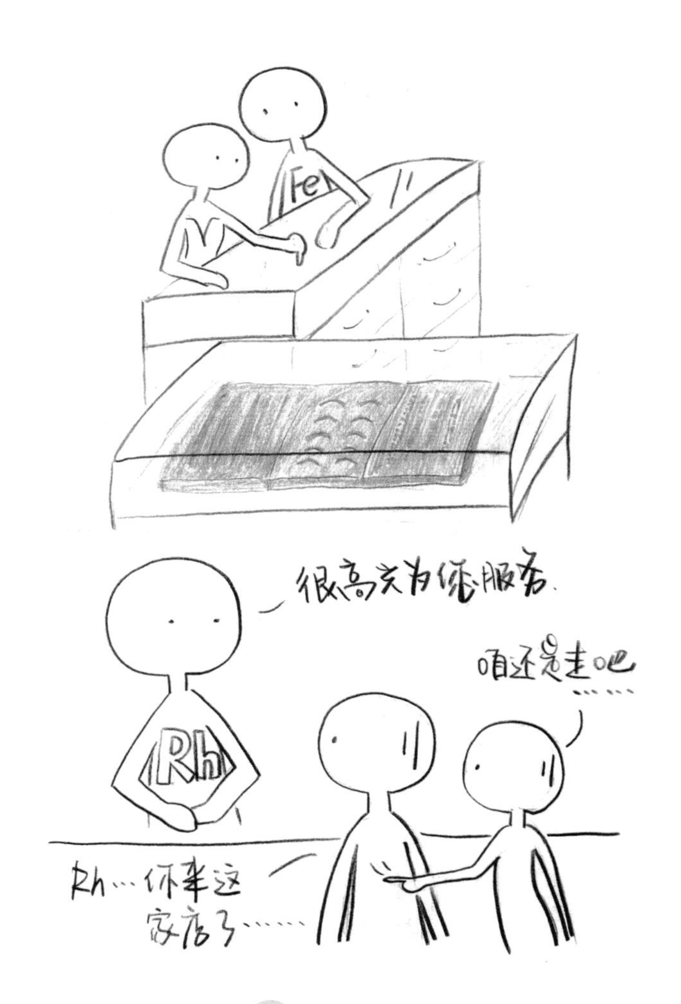

笔记栏

46. Pd 钯 Palladium

发现史

钯的发现很大程度上和铂有关，当时铂已经被发现了，但是其地位远远没有今日之高。美洲新大陆发现之后有很多欧洲人去那里掠夺资源，西班牙人是最早的一批殖民者，他们发现那里有金矿，于是就派了很多人去开采。铂总是与金共生，而且提炼黄金的时候铂很难除去，所以铂被西班牙人视作一种非常讨厌的金属，他们把铂叫作 Platina，是西班牙文“小银”的意思。后来英国人把那些提炼出来的铂残渣带了很多回去好好研究了一番，于是发现了钯以及其他一系列金属。

发现钯的人名叫 W.H. 沃拉斯顿。学地质的同学听到沃拉斯顿这个名字的反应可能跟学物理、化学的听到 A.B. 诺贝尔，学数学的听到 R. 沃尔夫差不多。伦敦地质学会颁发的地质学最高荣誉就是沃拉斯顿奖，而第一块沃拉斯顿奖章就是用钯铸成的。沃拉斯顿与另一个化学家 S. 坦南特决定一起去研究那些从美洲带来的铂残渣。当时大家已经知道王水可以溶解铂，但是那些残渣中还有一些不溶物。于是他们说好沃拉斯顿研究溶液部分，坦南特研究残渣部分。沃拉斯顿在 1802 年分离出钯，1804 年分离出铑，而坦南特随后在 1804 年发现了铱和锇。

沃拉斯顿的做法是往王水溶液里加氯化铵，于是铂以氯铂酸铵形式沉淀下来，而钯则继续留在溶液里，往里加一些铁，钯就会析出，然后再用王水溶解

笔记栏

铁，这样就得到了相对较纯的钯。

最初沃拉斯顿把这种金属命名为Ceresium，名字来自当时发现的一颗小行星Ceres。后来他找到一个更优美的词Pallas，这也是当时发现的一颗小行星的名字。Pallas来自希腊神话里的智慧女神，也就是我们所熟悉的雅典娜，所以沃拉斯顿最终把钯命名为Palladium，元素符号为Pd。

沃拉斯顿是个很有商业头脑的人，他觉得新发现的这种金属可能会有很大的用途，于是没有把提炼的方法发表，而是提炼了许多放在一个商店里卖。当时大家一听说发现了一种新的金属而发现者不愿意透漏提炼的方法，很多人就开始怀疑起来了，这其中尤其以当时著名的化学家R. 切尼维克斯最为不屑。切尼维克斯宣称沃拉斯顿所发现的新金属其实就是铂汞合金，而他用二氧化汞、铂、王水以及硫化铁就能合成。作为反驳，沃拉斯顿提供了20几尼（几尼为英国旧时货币的单位）作为奖金给那些合成钯的人。尝试了很多次都不成功之后，大家终于相信沃拉斯顿发现的确实是一种新的金属。沃拉斯顿独家销售这种金属整整20年，直到死前才公布了钯的提炼方法。

性质与应用

钯的原子序数为46，天然存在的同位素有6种，原子量为106.42，钯原子的电子组态为（Kr）$4d^{10}5s^{0}$，熔点1554.9℃，沸点2970℃，熔化热17.6千焦/摩，汽化热为376.6千焦/摩，密度为12.02克/厘米^{3}。钯质地柔软，具有良好的延展性和可塑性。

钯的单质不怎么活泼，常温下抗腐蚀能力强，即使暴露在空气中加热也只能在表面形成一层氧化膜。红热的钯可以被氧气、氟气和氯气氧化，在氧化性的酸中钯也能慢慢地溶解。而且它也能够溶解在熔融的碱金属氧化物和过氧化物中。钯的常见氧化态是+2、+4价，而+2价更为常见一些，实验室里用得比较多的氯化钯、氧化钯和醋酸钯，它们都是+2价的。钯倾向于形成平面四边形的配合物，而且比较喜欢和氮、磷、氯结合，与氧或者氟的结合能力就不怎

笔记栏

么强了。钯单质给人印象最深刻的性质就是它极强的吸氢能力。自从 T. 格雷厄姆在 1869 年报道了钯在从红热逐渐冷却时能够吸收多达 935 倍于其自身体积的氢以来，用金属钯吸收分子氢已经成了理论和实践两方面都非常重要的研究课题。加热时储存的氢气可以重新释放出来，这就提供了一种非常重要的储存和运输氢的手段。这种金属储氢的方式无疑是非常重要的。事实上金属钯在吸收氢气时电导率逐渐下降，直到形成 2：1 的钯氢化合物 $PdH_{0.5}$，此时该物质已经是半导体了。而且钯即使吸收了大量的氢也不会丧失其延展性，这在所有金属里都是独一无二的。而钯对于其他气体甚至氦来说都是不可渗透的，利用这一事实可以从混合气体中分离出氢，而且这个过程已经实现了工业化。

笔记栏

钯另一个最常见的用途便是用于制作首饰。块状钯是银白色闪亮的金属，而且常温下性质非常稳定，所以非常适合做首饰，其稀有程度实际上与铂差不多。事实上钯广泛用作首饰只是近些年的事情，这是因为钯的物理化学性质相对铂或者黄金来说比较活泼，而且比较难以熔炼，加工时又容易飞溅，损耗非常大。由于熔炼技术的发展，加工变得相对容易，钯才广泛用于制作首饰。目前钯首饰的标示用的是纯钯含量的千分数，比如 Pd950 就表示含纯钯 95%，常见的规格是 Pd950，Pd900 和 Pd750。既然说到首饰，这里顺便纠正一下人们对“白金”的错误认识。人们通常都认为白金就是铂，钯就不是白金，而事实上真正的白金应该指的是黄金与其他白色金属如铂、钯、铑、铱等的合金。

对于铂族元素来说，如果不提一下它们的催化能力，那就实在太委屈它们了，而这里面钯的催化性能又是非常突出的。比如 Lindlar 催化剂（能够催化炔烃的顺式加氢）就是用碳酸钙或者硫酸钡作载体的钯催化剂。除了单质以外，钯配合物的催化可以说在有机催化领域占据半壁江山。再比如 Wacker 氧化，就是用氯化铜和氯化钯作为催化剂，将乙烯转化为乙醛。这些反应都已经成功地实现了工业化。此外，著名的钯催化反应，还有 Heck 偶联反应，Suzuki 偶联反应和 Negishi 偶联反应，分别为化学家 R.F. 赫克，铃木章和根岸英一发现和发展，三位科学家因此共享了 2010 年的诺贝尔化学奖。偶联反应就像胶水一般，高效地将人们合成的药物框架的不同部分连接起来。今天，偶联反应已经成了药物合成当中不可或缺的反应。

（cancan，王泽淳）

笔记栏

47. Ag 银 Silver

名字、发现和存在

银，永远闪耀着月亮般的光辉。银的元素符号 Ag 来自拉丁文 Argentum，意思是“发光的”或“白色的”。在梵文里，银也是从“明亮”演化过来的。我国也常用“银”字形容白而有光泽的东西，比如银河、银耳等。银是人类最早发现的金属之一（早在远古时代我们的祖先就认识了这种发出耀眼白色光芒的金属），是少数在化学科学实验兴起以前就被人们所熟知的元素之一。我国古代便把银与金、铜并列，称为“唯金三品”。

在大自然中，银主要以化合物的形式存在，虽然也有单质的银矿，但是比金发现要晚，一般认为是在 5500 ～ 6000 年以前。据说，曾经发现的最大的银块重 13.5 吨。天然银多和金、汞、锑、铜或铂形成合金。天然金几乎总是与少量银共存。我国古代已知的琥珀金（英文称为 Electrum），就是一种天然的金银合金，含银约 20%。最初由于人们没有掌握从化合物中炼取银的技术，获得的银量很少，这使得它比金还贵。公元前 4000 多年，古埃及有“一份黄金与二份半白银相等”的记述。日本直到 17 世纪，金和银的价格还是一样的。

世界上的银矿主要分布在墨西哥、秘鲁、加拿大、美国和澳大利亚等国家。我国的银矿资源类型以伴生银为主，主要存在于以铜、铅、锌、金为主元素的矿床中。江西德兴市银山是从唐代开采至今的大银矿，自从 20 世纪 90 年代以来，江西贵溪市冷水坑银矿逐渐发展，这两个矿床都共生于方铅矿中，因

笔记栏

此古代人也把方铅矿称为“银母”。

物理、化学性质

课堂上老师告诉我们，结构决定性质，所以要了解银元素的物化性质，就要从银原子的结构看起。银的原子序数为47，属周期表ⅠB族元素，原子量为107.8682，已知的银的同位素有银-107，银-109。银在金属中属较稳定的元素，在常温下不氧化，只有遇到空气中的硫化氢气体才会慢慢发黑。纯银为银白色，具有面心立方晶格，能与任何比例的金或铜形成合金。随着金、铜含量的增高，合金颜色逐渐变黄。银与铅、锌共熔也可形成合金，与汞接触形成银汞齐。

银的延展性仅次于金，在所有的金属中位居第二。纯银可以拉成头发丝般细的银丝，碾成0.025毫米厚的银箔。银比金硬但比铜软，当含有少量的砷、锑或铋时，银即变得硬而脆。在所有的金属中，银的导电性、导热性、反射性能都名列榜首。

银还有一个很有趣的性质，就是处于熔融状态的银能从空气中吸收相当于自身体积20倍的氧。这些氧在冷凝时又被释放出来，若释放的速度过快，银液呈沸腾状，并可能造成银珠的喷溅而损失，此现象俗称“银雨”。有时候即使不形成银雨，也常会在银锭表面形成菜花状的鼓包。

银易溶于硝酸生成硝酸银，也易溶于热的浓硫酸生成硫酸银，但不溶于冷的稀硫酸，在热的稀硫酸中微溶。银与盐酸几乎不发生作用，王水使银表面生成氯化银薄膜而阻止反应继续进行。银在化合物中常见的氧化态是+1，此外还有+2和+3等。水溶液中只有Ag（Ⅰ）是稳定存在的，Ag（Ⅱ）和Ag（Ⅲ）只能以难溶化合物或配合物形式存在。化合态银的主要化学性质是氧化性。

常见的银的化合物有卤化银和硝酸银。卤化银对光敏感，光照的情况下发生分解，其中溴化银的感光性较好。硝酸银则是最重要的银盐，其他的银盐大都以其为原料进行制备。银氨配合物被葡萄糖等还原剂还原，会在洁净的玻璃表面形成致密的银镀层，这就是著名的“银镜反应”。

笔记栏

主要用途

银所在的ⅠB族被称为“货币族”，其中的金、银、铜都曾作为货币使用过，这主要是因为这些贵重金属稀少且易于保存。同时银的光泽艳丽，延展性好，适合打造成各种各样的装饰品。不过随着工业用银量的增加，货币和饰品用银量正在逐年的减小。由于银具有较好的导电性、导热性、反射性能以及良好的化学稳定性和延展性，银在电子工业中具有广泛的用途。银及其合金是目前最重要也是比较经济的电接触材料，在电子计算机、电视机、电冰箱、电话、雷达等电接触器件中均有应用。

在化学工业中除直接使用金属银以外，大量使用的是各种银盐。硝酸银是一种重要的化工原料，除少部分供直接使用（镀银、药用、化学分析等）外，主要是以硝酸银为原料再加工生成其他银盐供使用。感光材料业是消耗银的大户，溴化银是目前生产感光材料不可缺少的原料。曾经世界上大量的银都消耗在了制造胶卷上。当然，随着数码相机的普及，这一消耗量已经明显减少。碘化银可用于人工降雨，氧化银可用于玻璃抛光和着色，也可用作催化剂和电极板等。

汞齐作为牙科充填材料已经有漫长的历史，最古老的汞齐是将银锡合金与汞按质量比 1∶1.6 混合而成。由于汞对人有害，随后发展了银–铜–锌汞齐合金，但固化速率较慢，且有二次膨胀。在银–铜–锌汞齐合金的基础上又发展了含银的质量分数为 60% ～ 80%、铜的质量分数为 8% ～ 23%、锡的质量分数为 1% ～ 10% 和锌的质量分数为 0 ～ 2% 的银–铜–锡–锌汞齐合金，目前这种汞齐合金的使用量较大。

银是仅次于汞的杀菌金属。我国内蒙古自治区的牧民，常用银碗盛马奶，可以长期保持马奶新鲜而不变酸，就是因为极少量的银以离子形式溶于水起到了杀菌的作用。19 世纪中叶，人们开始用硝酸银及胶态银处理伤口。银化合

笔记栏

物在药物应用上的一个突破是治疗烧伤的磺胺嘧啶银。该药物比较稳定，可制成质量分数为 1% 的药膏使用，有广谱活性，除能导致白细胞减少外，几乎无副作用，目前被广泛用于治疗烧伤和传染性皮肤病。

（tata，王泽淳）

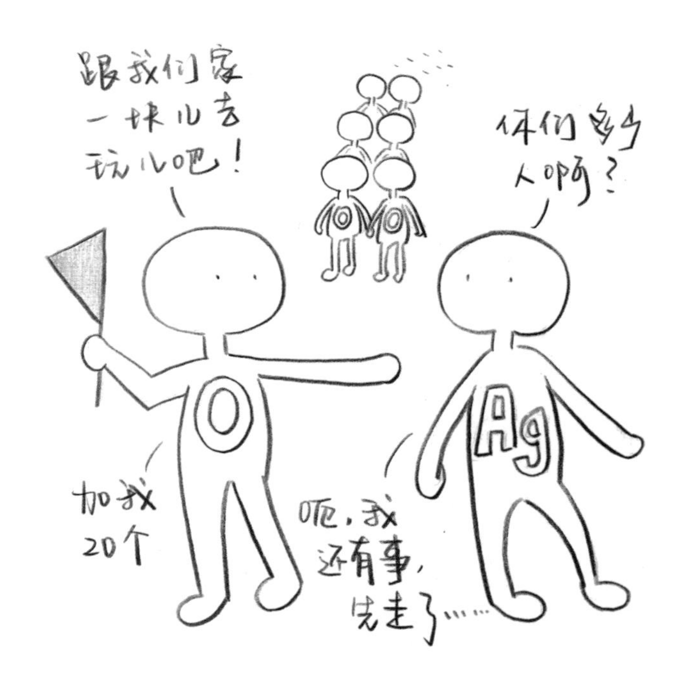

笔记栏

48. Cd 镉 Cadmium

元素周期表ⅡB族中有三个元素：锌、镉、汞。从结构化学的角度来讲，这个族的元素价层电子都是 $(n-1)d^{10}\ ns^2$，在副族元素中属于收尾的元素。然而，这三个元素的脾气可大不相同。锌是人和其他生物的必需元素，对生命具有重要的意义；而镉和汞则是剧毒的元素，不慎服用能导致死亡，长期接触它们也会被慢性病折磨得痛苦不堪，它们还是环境的杀手。

今天要介绍的，就是这剧毒的镉。

镉的英文名 Cadmium 来源于拉丁文 Cadmia，意思是“菱锌矿”，镉是在菱锌矿中被发现的，因此得名。1817 年，镉由德国的医生 F. 施特罗迈尔和化学家 K.S.L. 赫尔曼一同发现。他们在灼烧菱锌矿时，施特罗迈尔记载：“有些不纯的菱锌矿在加热时候会改变颜色，而纯的菱锌矿则不会。”他们坚持探索这一“不纯物质”的来源，终于通过焙烧和还原硫化物分离出金属镉。

纯净的镉是蓝白色的金属，质软，可以用刀切割，原子量 112.411，熔点 321.07℃，沸点 767℃，密度为 8.65 克/厘米^3，常见氧化态为 +2。常见的镉化合物有氧化镉、氯化镉、硫酸镉、硝酸镉、硫化镉和硒化镉等。

镉被称作“杀手元素”。短时间大量吸入含镉粉尘，可在数小时至 1 天内出现全身无力、头晕、头痛、发热、寒战、四肢酸痛等症状。同时镉会刺激呼吸道黏膜，引发肺炎等，极严重者出现呼吸衰竭。镉的慢性中毒会导致软骨病。目前人们认为，摄入镉导致中毒的原因可能是镉作为亲硫元素，在进入人体内后取代了一些代谢关键环节上的金属硫蛋白中的金属离子（如锌离子），

笔记栏

导致急性肝肾代谢障碍；从长期来看则会取代骨骼中的钙离子，造成软骨病等疾病。

镉是20世纪震惊世界的环境污染事件“痛痛病”的元凶。20世纪五六十年代，在日本的富山县发现了一种奇怪的病：患者全身骨痛，并且容易骨折，最终在极度痛苦中死去。后来才查明这种奇怪的病与当地一家炼锌厂排放的含镉废水有关。废水中的镉进入当地河流中，最终通过饮用水和食用的稻米在人体中聚集。1967～1982年，“痛痛病”正式确诊病例132例，其中97例死亡。通过这个事件我们必须意识到，对于重金属污染需警钟长鸣。

然而，镉也有着重要的用途。黄色染料里面就有硫化镉，被广泛用于玻璃、陶瓷和塑料等制品的染色；镉红、镉黄是有名的绘画颜料，印象派画家C. 莫奈曾对这种在当时十分新潮的颜料盛赞不已；硝酸镉被用来制造光学玻璃和荧光粉等。镉与其他金属如铜、镍等制成合金，能大大增加合金的耐磨性能。镉还与当今的尖端科技之一——核反应堆有密切联系，核反应堆中的控制棒就是用含镉的材料制成的。可以反复充放电的镍镉电池就更不用说了。但是在全国实行垃圾分类的大背景下，我们务必提醒读者，镍镉电池、铅蓄电池等含重金属的电池属于有害垃圾，须分类处理。

（heimao，王泽淳）

感谢 flyingbaby，Hellscream

笔记栏

49. In 铟 Indium

铟的发现

铟的发现过程与铊有点类似，都是无心插柳的结果。铊发现的次年（1863年），德国矿物学家F. 赖希也想炼制一些铊来进行研究，但他选择从一种含闪锌矿的矿石下手。当他按例行的系统分析方法将硫与砷等杂质去除后，却得到一种草黄色的沉淀，他需要知道该沉淀的成分是什么，才能决定之后要怎么处理。由于赖希本人是色盲，无法做光谱分析，于是他就委托其助手H.T. 里希特去做。当里希特将那沉淀物置于本生灯的火焰上烧灼时，他从分光镜中看见了一条明显的靛蓝色明线，起先他以为这是R.W. 本生和G.R. 基尔霍夫所发现的铯，但经详细比对，此条线与铯的两条蓝线并不重合。通过再三试验与考察，赖希和里希特终于认定他们发现的是一种新的元素，因其靛蓝色（Indigo）的谱线颜色而将其命名为Indium。随后两人又用化学还原法，成功制得了纯净的金属铟。

铟的性质和用途

铟是一个颇为有趣的金属，它的原子序数为49，是硼族的第4个元素。铟物理性质与铝相似，但外观却像锡，很软，莫氏硬度仅为1.2，用指甲就可以在上面刻痕，和纸摩擦会在纸上留下痕迹。铟塑性佳，但弯曲时会发出尖锐

笔记栏

声响。铟在地壳中含量极低且分布不均，在 ppm（百万分之一）量级以下，并且缺乏富铟矿石，主要开采来源是闪锌矿、铅锌矿冶炼过程中的副产品。铟的熔点很低，仅为 156.61℃，因为这一性质，其广泛用于制造电镀、焊接或消防器材等低熔点合金。

铟在历史上的第一种大规模用途是生产二战时飞机所用的轴承，而当今最主要的应用领域则是在液晶显示器和平板屏幕，其次是焊料和合金、电子半导体、太阳能光伏电池等。铟是战略性新兴产业发展必不可少的原料，美国、欧盟、澳大利亚等纷纷把铟列入关键矿产目录，针对铟矿资源开展全球战略布局。

氧化铟锡靶材生产是当今生产铟锭的主要用途，氧化铟锡是一种掺杂二氧化锡的氧化铟。氧化铟锡薄膜具有优良的导电性，对于可见光的透过率高，并且加工性能好，是生产各种显示器，如液晶显示器、等离子体显示器、有机发光二极管（OLED）显示器必不可少的材料。

随着人类生活信息化程度的提高，我们对于先进的显示设备的需求必然会提高，而在这一过程中我们必然面对以下两个问题：第一，如何生产高性能的氧化铟锡靶材。目前，生产高性能氧化铟锡靶材的技术被日本、韩国垄断，我国先进面板制造所用靶材依赖进口。另外，我国虽然是世界上最大的铟生产国，储量丰富，但若这部分储量完全以出口的形式消耗，实乃亏本买卖，因此，研究制备高性能的氧化铟锡靶材对于我国信息化的发展至关重要。第二，铟的开采主要依赖于其他矿物开采的副产品，而铟本身在地壳当中的含量低且分布不均，因此如何高效利用开采的铟同样是我们面临的重要问题。若能解决如何从废弃显示器、太阳能电池当中高效回收铟的问题，未来可能出现的铟资源缺乏危机将得到极大缓解。

笔记栏

铟的生产和消费

铟无独立的矿床，多伴生在锌等有色金属硫化矿物中，世界上原生铟90%的产量来自铅锌冶炼厂的副产物。中国、玻利维亚和俄罗斯是全球铟矿资源最为丰富的国家，三国铟矿资源量合计约占全球总量的60%，其他重要的资源国还包括加拿大、日本、德国、葡萄牙等。

目前，铟的消费大部分集中在平板显示领域，约占80%，其后是半导体、焊料、合金、光伏薄膜等领域。日本、韩国、美国和中国是全球主要的铟消费国。其中，日本和韩国是传统的电子工业强国，其铟消费量主要用于生产ITO靶材，日本更是占据全球铟消费总量的一半。美国是世界上第三大铟消费国，铟广泛用于高科技产业，如航空航天（飞机风挡）、国防（红外成像）、能源（太阳能电池）等领域。

（masterlzw，王泽淳）

笔记栏

50. Sn 锡 Tin

锡是一种常见的金属元素，锡单质制成的器物自古以来就广泛应用于日常生活中。锡的应用广泛主要有三点原因：其一，冶炼容易。锡最常见的矿物是二氧化锡，其在不算很高的温度下就可以被碳还原为锡单质，这样的温度仅靠碳本身的燃烧就可以达到。其二，锡单质较难被氧化，因此锡器有一定的抗氧化能力，在空气中也有很好的抗腐蚀能力。其三，锡的延展性非常好，熔点也很低，因此可以用于焊接、镀膜、制箔等方面。

实际上，容易冶炼和不容易氧化这两个性质是相辅相成的。一种金属元素一般会失去电子形成阳离子，它越难以失去电子，就越难以被氧化腐蚀；越难以失去电子的金属，在失去电子成为氧化物后，就越希望把失去了的电子夺回来，也就是从氧化物变回单质。这也就是为什么不容易氧化的锡、银、金等金属，其冶炼都相对容易的原因。

锡器的弊端想必大家都有所耳闻，在温度冷却至＜13.2℃时，白锡晶体会自行转变为密度更低的灰锡。在转变过程中，锡的晶格发生变化，产生巨大的膨胀应力，使锡器本身变为粉末，这就是著名的“锡疫”。在寒冷的地区使用锡器曾导致很多悲剧，比如拿破仑远征俄国的失败，斯科特南极考察队员的殉难等。

作为镀膜材料，锡也有其不利之处。由于锡的稳定性好，电位较高，在与铁等常用金属接触的时候，会形成一个原电池，铁作为原电池负极会更快的氧化腐蚀。比如常用的马口铁（现称镀锡钢板）即为镀锡的铁，由于锡性质稳定，能阻遏空气的侵蚀。然而一旦镀膜破坏使铁暴露于空气中，内部的铁会以

笔记栏

更快的速度被腐蚀。

锡这一易冶炼、易塑器、易保存、成本相对较低的常用金属，在温度异常的情况下却拥有着致命的缺点。不过人们本该想到，世界上并不会有所谓完美又易得的趁手工具，或是像锡一样有缺陷，或是像金一样难以寻觅。

锡合金的应用同样非常广泛。人类最古老的合金之一——青铜，便是铜和锡的合金。由于锡的延展性好，性质柔软，用锡制作的合金方便铸器。由于其熔点低，锡合金经常用来制作焊锡、保险丝等低熔点材料。

在这里不得不提一句，一般情况下，多种金属制成的合金，其熔点会比其中熔点最低的金属单质更低一些。也就是说，在锡的熔点仅有231.93℃的情况下，其合金的熔点甚至低于这一水平。

锡的氧化物，即二氧化锡，是矿物锡石的主要成分。二氧化锡是制瓷工业中的重要原料，白色的釉层中多含有二氧化锡。锡的氯化物有两种，其中二氯化锡中的锡价态较低，有很强的还原性，在工业上经常用作还原剂；而四氯化锡由于包含一个高价态的阳离子，有非常强的水解能力，一旦遇水或者水蒸气就能释放出大量的烟雾，因此用作烟幕弹的原料。

对人体来说，微量元素摄入量少，功能特殊，但不可或缺；一旦摄入超标，有时又会造成可怕的后果。锡就是这样一种微量元素。人体需求的锡摄入量仅为每日2～3毫克，它的主要功能是破坏血红蛋白。

听上去很奇怪吧，破坏血红蛋白算什么功能？不用怀疑，这确实是人体必需的功能。就像持续燃烧的炉火必须掏去燃尽的炉灰，人体也必须要有新陈代谢和平衡。铁的吸收利用和血红蛋白的形成是无时无刻不在进行的，与此同时就要有与之平衡的一方，这就是锡的作用。但也正因为此，过量摄取锡会直接导致贫血。

（CCME，王文韬）

笔记栏

51. Sb 锑 Antimony

锑的英文名是 Antimony，来源于辉锑矿石的英文名 Antimonite，元素符号为 Sb。传说锑曾在中世纪被制成药物治疗一种流行病，结果非但没有把人们的病治好反而害得其病情加重，于是留下了坏名声。如今，锑也是人们公认的有毒金属，会造成环境污染等。

锑的发现历史最早可追溯到公元前 2000 多年（存在较大争议），到了 16、17 世纪，欧洲才有明确的关于锑提炼、制备的记载。我国的锑储量与开采量均居世界前列。

虽然锑是金属，但它位于金属、非金属的过渡区域，其性质也介于金属与非金属之间，这类元素称为半金属。锑密度为 6.68 克 / 厘米^3，熔点为 630.63℃，沸点为 1587℃。锑不硬、质脆但可以将锑加入其他金属中形成合金，提高其硬度与机械强度。另外，也可将锑加入硅、锗本征半导体中，形成 N 型半导体。多数金属、物质都是热胀冷缩，而锑在一定温度范围内是冷胀热缩。利用这一性质，15 世纪时 J.G. 谷登堡将锑、铅、锡等按照一定比例制成活字，解决了铅冷却后体积缩小的问题，而且铸出的字笔画清晰，不易变形，经久耐用，改进了活字印刷术。

医疗中，锑也与其他元素合作成功治疗了一些疾病，如酒石酸锑钾治疗血吸虫病，葡萄糖酸锑钠治疗黑热病等。锑主要用途是制备铅基和锡基合金，锑和多种碱金属的化合物可制作灵敏的光电阴极。

（CCME，陈少闯）

笔记栏

52. Te 碲 Tellurium

据说每个元素被发现的背后都有一段故事，我们今天所要介绍的52号元素碲自然也是如此。比起同族元素硫来，碲在地壳中的含量要小得多，仅有$2\times10^{-7}\%$，且极难找到碲呈单质存在的矿。碲通常与类似的天然硫化物混杂在一起，因为它的性质和硫、硒相似，这就注定了碲要比硫的发现晚得多。

首先发现碲元素的是奥地利人F.J. 米勒·冯·赖兴施泰因。他在1782年时从罗马尼亚一个矿坑里发现了一种很好看的矿石，这种矿石的表面是银白色的，但又略带一些黄色，还会发出浅蓝色的光泽，当地人把它叫作“奇异金”。赖兴施泰因把这块矿石带回了实验室，并从中提取了一小粒银灰色的金属物质，这种物质外貌非常像锑，但化学性质却有差别。他推想这可能是一种新元素，但不敢肯定。为了证实自己的推测，他曾请瑞典化学家T.O. 贝格曼帮助鉴定，但因样品少，未能确定是什么元素，只是证明这种元素不是已发现的锑。

赖兴施泰因的重要发现被当时的人们忽视了16年之久。直到1798年1月25日，德国矿物学家M.H. 克拉普罗特在柏林科学院宣读一篇关于特兰西凡尼亚的金矿论文时，才重新把这个被人遗忘的元素提出来。克拉普罗特从金矿中分离出了这种新元素。他用的方法是：先用王水溶解金矿粉，其中的碲被氧化为碲酸，加入过量氢氧化钠，生成碲酸钠，将褐色不溶物过滤后，再加盐酸于滤液中，这时就有H_2TeO_4沉淀产生。取沉淀用水冲洗，烘干，并用油调至油状装入玻璃瓶中，加热至全部红炽，冷却后在接收器中和玻璃瓶壁上发现金属状颗粒碲。克拉普罗特把这一新元素取名为Tellurium，元素符号为Te，这一

笔记栏

词来自拉丁文 Tellus，原意为“地球”。

碲在一般状况下有两种同素异形体，一种是晶态，有金属光泽，呈银白色；另一种是无定形粉末，呈暗灰色。碲密度中等（6.240 克/厘米^3），熔、沸点较低（449.51℃、988℃）。碲是一种非金属元素，有十分良好的传热和导电本领。与锑相同，碲也处于金属、非金属过渡区域。

除了兼具金属和非金属的特性外，碲还有不平常之处。它在周期表的位置形成“颠倒”的现象——碲比碘的原子序数低，但原子量（127.6）却比碘（126.9）大，与此类似的还有钴（58.93）比镍（58.69）大，这是由于同位素丰度的差别。

碲有一定的毒性。碲在空气中加热会形成二氧化碲的白烟，使人感到恶心、头痛、口渴、皮肤瘙痒和心悸。人体吸入碲后，在呼出的气体和汗液、尿液中会产生大蒜臭气。更尴尬的是，这种臭气让当局者迷，本人可能不知道，但别人很容易察觉到。

碲的用途很多。它是一些金属合金的“强壮剂”，只要在这些合金中加入少量的碲，就能大大提高它们的机械强度和加工性能。目前，碲被用于冶金工业，钢和铜中加入碲，其机械加工性能和抗腐蚀性能大大改变；在铅中加入碲可显著提高其抗热、抗氧化和耐磨性能。碲还被广泛用于陶瓷和玻璃生产中，因为它能使陶瓷和玻璃披上各种鲜艳的“外衣”。

高纯碲主要用于制造化合物半导体，如碲化镉、碲化铝、碲化铋等。碲化镉是一种化合物半导体，其能隙宽度最适合用于光电能量转换，用这种半导体做成的太阳能电池有很高的理论转换效率。而且碲化镉容易沉积成大面积的薄膜，沉积速率也高。因此，碲化镉薄膜太阳能电池的制造成本低，有良好的应用前景。

（txdongdong，陈少闯）

笔记栏

53.1 碘 Iodine

有句老话，“龙生九子，子子不同”，这句话用来形容卤素一族或许再恰当不过了。从氟、氯气体开始，经过液态的溴，到碘就变成了固体，但碘也经常会升华，化作一股紫色的轻烟。

碘的发现过程可谓平淡无奇。1811 年，法国人 B. 库图瓦提取制备硝石的原料时，在海藻盐汁结晶母液中加入过量的浓硫酸，发现容器上方竟然产生了紫色的蒸气，犹如美丽的云彩冉冉上升。当紫色的蒸气在冷的物体上凝结时，并不变成液体，而是成为一种暗黑色的带有金属光泽的晶体。这一现象使库图瓦惊喜不已，他对这种晶体做进一步研究，发现该物质不易分解，由此库图瓦猜想这种物质可能是一种新元素。后经化学家 C.B. 德索尔姆、N. 克雷门、H. 戴维等人研究证明这确实是一种新元素，其名 Iodine 取自希腊语中紫色（Iodes）之意。

碘对电子的得失看得很淡。面对金属元素的电子馈赠，他并不总是在索取，也会和他们分享自己的电子，形成稳定的络合物离子，比如四碘汞配离子。和其他非金属元素交往，他们共享彼此的电子，结下牢固的友谊（共价键），如四碘化锡和有机物中的 C–I 键。同胞兄弟们在一起，常常一同分享一个外来的电子（I_3^-），跟酷爱收藏电子的同族们（尤其是氟）在一起，他更是慷

笔记栏

慨地拿出自己的收藏，去生成各种各样的卤素互化物，如氯化碘，溴化碘等。

碘在有机界也有着不寻常的亲和力。碘分子可以和多种含 π 电子体系或杂原子的有机物发生 σ-π 和 π-π 相互作用，形成稳定的电荷转移络合物。碘分子的这一性质使得他在过去很长的一段时间中作为一种通用显色试剂，被用于有机化合物的分析鉴定。此外，许多有机物在与碘发生作用后，呈现出有特征的颜色，这一性质被化学家们用于定量分析和某些有机化合物尤其是天然产物的定性分析。比如碘分子与淀粉作用呈现出特征蓝色，是氧化还原滴定中碘量法的基本原理。碘－碘化钾和碘化铋钾是生物碱类化合物的显色试剂，能使生物碱类化合物显示出特征的棕红色。

碘和有机分子之间的作用，还可能产生化腐朽为神奇的力量。20 世纪 70 年代，日本的白川英树和美国的 A.J. 黑格、A.G. 麦克迪尔米德通过在塑胶中掺入碘分子，使原本绝缘的聚乙炔变成了导电体。白川英树等人这一开创性的发现为他们赢得了 2000 年度的诺贝尔化学奖。

生活中可以接触到的碘酒就是碘－碘化钾的乙醇溶液，利用碘的氧化性，用于消毒等。

碘还是人体不可缺少的一种微量元素。人体每天必须摄入一定量的碘，其中 80% ～ 90% 来自食物，10% ～ 20% 通过饮水获得，其他的则来自空气，被摄入人体内的碘大部分（约 80%）富集在甲状腺中。碘是人体合成甲状腺素必需的成分，如果人体长期得不到足够的碘，将导致甲状腺素合成分泌减少，从而引起一系列的损伤和发育障碍。传说中的“大脖子病”，就是长期缺乏碘而导致的甲状腺肿大。对于处在儿童期和青春期的人群，缺碘将导致甲状腺功能低下和体格发育落后，孕妇缺碘则会影响胎儿脑和神经系统的发育，使孩子出生后出现不同程度的智力伤残，甚至聋哑。所以，人们又把碘称为智慧元素。当然也要适可而止，摄入过量的碘也可能会引起甲状腺肿大等疾病。

可见，凡事皆要有度，也再次说明了物质的毒性与否和量的多少有很大关系。

（iodine，陈少闯）

笔记栏

54. Xe 氙 Xenon

今天的主角是排在第54位的氙（音同“仙”）。氙原子序数54，属第5周期零族元素，密度5.887克/升（0℃，1×10^5Pa），原子量131.293。

氙的发现史与号称平淡无奇的碘相比更是显得平淡无奇。W. 拉姆齐等人在1894～1898年先后从矿物和空气中分离出了氩、氦、氪、氖，接下来氙的发现就顺理成章了，尽管拉姆齐为此不得不动用一台工业用的大型空气液化机来分馏液态空气。就这样，在把氪反复分次萃取之后，他们从中分出了这种新气体，拉姆齐把它命名为Xenon，源自希腊文Xenos，意为“陌生的”，即为人们所生疏的气体。氙在空气中的含量实在是少得可怜，仅占总体积的0.0000086%，也就是说每1000立方米的空气中仅含有86毫升那么多的氙气。

可是谁会想到，如此平凡的氙竟也能引发一场不大不小的革命。

现在我们所说的这一列“稀有气体元素”最初被称为“惰性元素”，因为那时的人们发现这些元素无法与其他任何物质发生化学反应，显得“懒惰”又“迟钝”。即便是1916～1919年G.N. 路易斯等人在N. 玻尔的原子结构理论基础上创立化学键的电子理论，也认为“化学变化中失去、得到或共用电子对，其目的都是要使其所生成的化合物的原子趋向于达到像惰性气体原子那样，具有外层8电子的稳定结构”，这一理论简称为“八隅律”。而这些惰性气体元素则被认为没有价电子，化合价为零，于是在周期表中又被称为“零族元素”，这意味着它们是不可能发生化学反应的元素。

世上没有绝对的真理，惰性气体不参与化学反应是否绝对正确呢？1933

笔记栏

年，化学家L. 鲍林就曾根据离子半径的计算，预言可以制成六氟化氙、六氟化氪、氙酸及其盐，当时有很多人做了各种尝试但是均以失败告终，对惰性气体化学性质的研究也就此陷入沉寂。

直到1962年，N. 巴利特制得六氟合铂酸氙才打破了这一僵局，稀有气体化学也从此诞生并风风火火地发展起来。同年8月，美国的化学家们在加热加压体积比为1∶5的氙与氟的混合物时，直接制得四氟化氙。同年底又得到二氟化氙、六氟化氙。在此后很短的时间内，不仅制得了一系列不同价态的氙氟化合物、氙氯化合物、氙溴化合物、氙氧氟化合物、氙氧化合物等，还对其中多种化合物的结构和化学键的性质进行了研究。之后，化学家们又进一步地合成出了另外两个稀有气体元素的化合物：氟化氪和氟化氡。

很显然，再继续把这一族元素称之为“惰性元素”已经不科学了。考虑到这族元素皆为气体且在地球上的含量都很低，一些化学家建议将“惰性元素”更名为“稀有气体元素”，这一建议很快被普遍采用。

氙其中一个最重要的应用就是氙灯，氙灯的特点是亮度大而且光谱的能量分布接近于太阳光，常见的氙灯有超高压短弧氙灯、长弧氙灯、脉冲氙灯。氙灯可用在汽车的照明系统，也可在医疗中利用其放出的紫外线。

（willow，陈少闯）

笔记栏

55. Cs 铯 Cesium

我有一个富于诗意的名字 Cesium，其源于拉丁文 Caesius，愿意是“天蓝色”。这要感谢发现我的两位科学家，德国化学家 R.W. 本生和 G.R. 基尔霍夫。他们创立了光谱分析法，并于 1860 年从矿泉水中发现了我，根据我最明显谱线的颜色为我起了这样美丽的名字。

我是除水银外熔点最低的金属，熔点只有 28.5℃。一般的金属只有在熊熊炉火中才会熔化，而我在室温附近就能变成液体。我还是活泼金属中的佼佼者，一旦与空气接触，原本淡金色的外衣迅速变暗，甚至不到一分钟的时间就开始自动燃烧，发出玫瑰般紫红色或者蓝色的光辉。如果把我投到水里，就会立即发生剧烈的化学反应——燃烧甚至爆炸。即使把我放在冰上，我也可以发生反应。正因为我如此“不老实”，平时人们总把我关在煤油里，以免和空气、水接触。自然界里我分布广泛，却因为太过活泼，很少有单独的矿藏，大多数时候都和其他元素共生在一起，给生产分离带来极大的困难。物以稀为贵，我可是比黄金还要贵得多呢！

最让我骄傲的，就是我可以用来做最准确的计时仪器——原子钟。过去人们确定时间以地球自转为基准，把地球自转一周所需要的时间定为一天，把一天分为 24 小时，一小时分为 60 分钟，一分钟分为 60 秒，秒的时间单位就是这样来的。但是后来人们发现，由于潮汐阻力等因素的影响，地球不是一个非常准确的“时钟”，它的自转速度是不稳定的，时快时慢。虽然这种快慢的差别极小，但累计起来，误差就很大了。于是人们开始打破传统习惯，寻找

笔记栏

“秒”更精准的定义，并把目光聚焦到铯上。我们铯原子的两个超精细能级之间的跃迁时间总是极其精确地在几十亿分之一秒的时间内完成，稳定性比地球绕轴自转高得多。人们利用我这个特点，制成了一种新型的钟——铯原子钟，规定 1 秒就是铯 -133 原子在两个精细能级间跃迁 9192631770 次所需要的时间，而这就是“秒”的最新定义。铯原子钟运行 2000 万年误差也不超过 1 秒，精确度和稳定性远超世界上有过的任何一种表。

怎么样，刮目相看吧！

还有，我作为极活泼的碱金属，非常容易失去电子，可见光就足以让我电离。这意味着我具有优良的光电性能，可以将光转化成电流，在制造光电倍增管等光电子器件的领域大显身手。这样易电离的特点也让我成为离子火箭理想的燃料。但我的作用还不止如此。非放射性铯的最大用途在于制造石油工业中的甲酸铯钻井液。甲酸铯性质温和，可以减少钻井液中有毒高密度悬浮物的含量，还是一种可生物降解、循环利用的环境友好型材料。不过，虽然非放射性铯仅具有中等毒性，但具有放射性的铯 -137 还是在切尔诺贝利灾难后引起了极大的关注，非专业人士还是不要贸然接近我为好。

以上就是我的故事啦，一种美丽、神秘而活泼的元素。

（CCME，冀怡）

笔记栏

56. Ba 钡 Barium

开篇·凤凰涅槃

一身银白谁能及，质虽柔顺性至刚。

钡位处碱土金属一族，色呈银白，质地柔软。自开天辟地以来，即与氧成生死对头。1779 年瑞典化学家 C. W. 舍勒从重晶石中分离出其与氧同归于尽之残骸（氧化钡），1808 年 H. 戴维电解氧化钡与氧化汞之混合物，借汞之助，从钡汞齐中制得金属钡。钡从重晶石（希腊文名 Barys）中重生，深感再造之恩，故而自易其名曰 Barium，意为“重”。与氧的交锋虽屡战屡败，然复得新生，刚烈之风较当年尤甚，故而仍多以斗争残骸存世。诸君若有怜香惜玉之心，还应置于煤油或其他合适剂物中，防其再与氧拼个鱼死网破，玉殒香消。

再篇·毒施人鬼

虽钡似是柔弱可欺，然其狡诈诡魅，非常人之所能察也。其原形毕露之时，狰狞可怖，神鬼亦愁。钡盐无论水溶、酸溶，毒性皆不可小觑，虽砒霜亦难望其项背。急性中毒之时，肠胃首当其冲，恶心、呕吐、腹痛、腹泻、肠痉挛等不一而足。频繁呕吐腹泻之下，虽强人亦难抵挡，常致脱水、电解质紊乱，甚至休克。

钡不获全胜，决不收兵。一旦钡离子进入血液，对全身肌肉可产生过度刺

笔记栏

激与兴奋作用，以致肌肉发生强烈而持久的痉挛，同时心动过速，血钾降低，精神错乱，严重者心室颤动，甚至心搏骤停。钡之所以如此强悍毒辣，尽在于低血钾症。其进攻之时，细胞膜上钠钾泵继续工作，钾由细胞外液不断进入细胞，然钾出细胞之孔道却被阻断，引发低血钾症。一切伤害皆由此而起。

次篇·神通广大

钡虽剧毒，然其亦有可用之处，画师、医人、工匠并受其惠。钡性情刚烈，进攻多数金属氧化物、卤化物、硫化物。冶炼金属，岂可少之一分？锌钡白，乃硫酸钡与硫化锌鸳盟见证，颜料中佼佼者也。其遮盖力强，于硫化物侵蚀下亦不减其皓皓之白。而硫酸钡则为钡家族中翘楚，既增色于画家笔下，又一改可溶钡盐之毒，化名钡餐后致力于医疗X光显影。钡又广泛用于玻璃制造、油井钻探、橡胶制造等，堪称功业斐然。硫酸钡得存，钡家族幸甚，人类幸甚！硝酸钡与氯酸钡亦各显神通，在焰火中显形给色。不纯之硫化钡可发磷光，这又为钡家族增添奇彩一笔。

末篇·结语

常言道:“好之者不如乐之者。”各位看官不妨与在下一道，遨游钡之世界，探寻钡之人品，以图求知之大乐。

（CCME，冀怡）

笔记栏

57-71. La-Lu 镧系元素 Lanthanide

或许你对元素周期表中的种种学问还不大了解，但是我想元素周期表的概貌在你头脑中至少还有印象吧。想想这宏伟的元素大厦的南边，是不是还坐落有两排精致的平房？今天我便为大家介绍这朝阴面儿的一排平房中居住的15个拥有着传奇的往事、广泛的用途、奇妙的性质以及冷僻的名字的过渡金属元素，它们共同组成了一个元素系——镧系。

提起“镧系”便不得不提“稀土”，后者指的是镧系元素以及居住在元素大厦本座当中，标记着镧系位置的那个格子正上方的两位：钪和钇。所谓的“稀”，是指它们矿藏分散，又大量共生，致使发现和分离都比较困难，因此不大像银铜之类的常见元素那样一下子就能拿到很多的纯品；所谓的“土”，是指它们的常见存在形态——金属氧化物难溶于水，难以熔融。其实对“稀土”一词的解说在前面介绍钪、钇两元素的文章中已经解释得相当充分了，我在这里想补充的一点是：属于稀土金属的镧系元素，其实是既不“稀”，也不“土”。

镧系元素不“稀”——它们都能从地壳中找到，而且除了那个冷僻的钷外，各个的储量还都挺丰富的。就连含量相对较少的铥和钬，也比生活中非常常见的银含量多呢。

镧系元素也不“土”——它们全都被国家定为战略储备资源，并且其中任何一种拿出来都有着奇妙而独特的功用。

笔记栏

把它们加到炼制中的钢水里，它们便会自觉地去“俘虏”那些危害钢材性能的硫、磷两种元素，由此大幅提高钢的品质。把它们加到熔融的铁水里，它们便会去“指挥”铁中广泛存在的、原本呈层状分布的碳聚成一个个的小球，从而使得铸铁一下子具有了钢的韧性。把它们安放在炼油炉中，它们便会找出石油里面过大的分子，并且轻易地砍断分子的骨架，使其变成用途广泛的汽油。把它们加入玻璃中，它们便会为玻璃带来特殊的、纯正的颜色和光泽。

在原子能领域里，钆、钐、铕、镝四种强烈吸收中子的元素肩负着控制反应进程和保护人员安全的双重责任。在固体激光领域里，掺有钕元素的激光玻璃扮演着重要的角色。在农业领域里，稀土微肥——镧、铈、镨、钕、钐、铕、钆的混合硝酸盐还能起到促进植物生长的神奇功效。

怎么样，眼花缭乱了吧！其实镧系元素的功用远不止这些，随着科技的发展，它们还将在国民经济中担当更为重要的角色呢。尽管如此，我今天的宣讲还并不仅仅要针对它们这些重要的用途，因为这一组元素的魅力不止如此。

不知你有没有留意过镧系元素在周期表中独特的位置。它们这 15 个家伙在“大楼”里面仅拥有着一个房间。造成这一现象的原因，往深里讲，是原子核外电子排布的方式，决定了在这一个位置上，必然出现 15 人争一地的矛盾。但如果您对枯燥的理论并不感兴趣的话，也可以简单地理解成这样：这 15 位之间彼此有太多的共同语言了，不把它们排在一起，怕是要招来抗议。在周期表里是这样，在现实中更是如此。镧系的各个元素彼此之间是如此的亲密，使得它们的矿藏往往混合在一起，以致 1794 年芬兰化学家 J. 加多林就已经发现了被他称作“钇土”的钇（钇不是镧系元素的一员，而是居住在“大楼”里镧系上一层）、铽、钪（这位也不是，它住在钇的上面）、铥、铒、镥、镱、镝、钬这 9 种元素（它们被统称为“重稀土”）的混合氧化物，但直到 20 世纪初，这些元素才被各个分离；而在 1803 年由德国化学家 M.H. 克拉普罗特和瑞典两位化学家 J.J. 贝采利乌斯、W. 希辛格共同发现的“铈土”（镧、铈、钆、镨、钕、钐、铕 7 种元素的混合氧化物，这 7 种元素被统称为“轻稀土”）的分离同样拖了 100 多年的时间。当这百余年中的两万多次的分离实验终于悉数

笔记栏

完成之后，稀土化学家们终于长舒了一口气说：“镧系这么多的元素，终于全都找齐了……”

“不对，还有我呢！”是钷的声音。

“啊，不好意思，把你给忘了……”

对不起大家，其实还没找齐。自从天然产物的分离实验全部结束之后，寻找第 61 号元素钷的工作便一直没有停止。令化学家们感到困惑的是：无论是从“钇土”还是从“铈土”中都找不到哪怕是一点钷的踪影。最后还是搞核物理的人出来帮着推算了一下，却得出了“61 号元素根本没有稳定的同位素”的结论。怎么办呢？有办法，不过只能是核物理的办法了。1945 年，C.D. 考耶尔、L.E. 格伦丁宁和 J.A. 马林斯基等人在处理核裂变生成的放射性同位素时，终于用离子交换法得到了化学家们梦寐以求的最后一个镧系元素——钷。当然，钷在天然的高品位沥青铀矿中也有少量的分布，不过天然钷的发现，已经是 1972 年的事了。

（RomanticAlf，张欣睿）

笔记栏

72. Hf 铪 Hafnium

小剧场系列

A（摇扇上）:“今天的主角是一个大家比较陌生的元素，即使是学化学的学生也难免感到生疏。我本来也觉得这个元素似乎没什么可写的……”

观众（不满状）:“那你来干吗？”

A（力挽狂澜状）:“但是，经过多方考证和调查，我发现这个元素竟是深藏功与名，被发现的过程中逸闻趣事不少。”

观众（不耐烦状）:“别废话，快请主角登场！”

A（抱拳讨饶状）:“好好好，今天的主角，就是第ⅣB族的72号元素——铪！”

正如A同学所言，铪的发现确实值得大书特书。首先是铪的理论预言。英国物理学家H.G.J.莫塞莱在对元素进行X射线研究之后，认为在钡和钽之间应该有16个元素存在，但当时除了放射性的钷和这个神秘的72号元素之外，其他的元素都已经被发现，而且都属于稀土元素。那么这个72号元素究竟是不是稀土元素呢？当时多数的化学家认为它是稀土，这其中有法国化学家G.于尔班，他试图从稀土矿物中寻找72号元素的踪影。1914年，于尔班将自己坚信存在新元素的样品送到莫塞莱那里鉴定，但得到的结论是否定的。于尔班认为是仪器的灵敏度不够，于是开始自己进行检测，并于1922年宣布测到两条谱线，由此断定新元素的存在。

笔记栏

但 1921 年，N. 玻尔根据他的原子结构理论，预言 72 号元素属于锆族。言外之意，这个 72 号根本不是稀土元素，更不应从稀土共生矿中寻找。根据这一理论，1923 年，荷兰物理学家 D. 科斯特和匈牙利化学家 G.C.de 赫维西对多种锆矿石进行 X 射线光谱分析，终于发现了这个锆族的新成员。为了纪念元素的发现地——丹麦首都哥本哈根（拉丁名 Hafnia），他们把这个元素命名为 Hafnium。

而和锆截然不同的是，铪的热中子俘获截面非常大，是锆的 600 倍。这让铪成为理想的中子吸收剂，可以用于制造核反应堆的控制棒，以减缓链式反应的速率。但与此同时，在将锆材用于核工业时，铪的分离也变得十分重要。

铪及其化合物的用途似乎很有限，但高介电常数、宽带隙的二氧化铪却在半导体器件领域有着重要的应用，是一种可用于场效应晶体管的理想栅介质材料。传统的二氧化硅介电常数较低，当晶体管尺寸缩小，二氧化硅绝缘层厚度降低时，散热难度增加，漏电情况也极为严重。2007 年，美国英特尔公司的 45 纳米技术中改用二氧化铪作栅极材料，和上一代 65 纳米技术相比，性能提升约 20%，使摩尔定律可以进一步延续。而这些，都是铪这种神秘的元素给予我们的馈赠，我也相信它之后有无限的发展前景！

（CCME，冀怡）

笔记栏

73. Ta 钽 Tantalum

亲爱的钽妹妹：

无数话语，早就想对你说，只是每次见到你凛然美丽的外表，就把我的一腔热情都给吓了回去。加之你行踪不定，更显你天生丽质不肯轻易示人。无可奈何，只好借用纸笔，暂诉我的满腹心语。

第一眼见到你时，我就惊诧于你那蓝天一般明湛的丽色！通常的“模特演员”——碱金属和碱土金属，自恃艳光逼人，往往披上氧化物这层外衣，矫揉造作一番；而另一大群“素面朝天”的——多数过渡金属元素，不是打扮得奇光异色如金之炫、如铜之艳，就是千篇一律的银光横陈，一点儿也不具备蕴藉气质。唯有你，海色天青恰似神韵护体。

当然，任何外在的靓丽，其实都难以永存。在我和你逐渐接触的过程中，我逐步了解到，你这如梦如幻的表象下，实实在在反映的，是你坚韧、刚强的内质！在金属族群中，你对烈焰进攻的抵挡能力也只是比钨和铼等逊色而已，而且你还有非比寻常的坚韧。你还参与制造医疗器械，特别是可以拉成细细的丝线用来缝合伤口，你和人密切的亲和性由此可见一斑！此外我还知道，你从不因为“吃醋拈酸”而坏大事：就算是那居心叵测的浓硫酸，甚至王水，在热情滚烫的情感攻势下也难撼你一分一毫。无论是粉状、丝状还是块状、球状，也不管是置身冰封世界或高温环境，你的性情一仍其旧，不变分毫。你表面上淡泊宁静，但有谁知道那是一层致密、稳定、介电常数高的无定形氧化膜呢！也正因此，别人毫无顾忌地进攻你，你至多报之一笑，心中泾渭分明，从不为

笔记栏

外在因素左右。因此你在人间大多数的活动，也自然投入了高级电容器生产行业之中。具有如此内在特质而体现出来的外在魅力，又何尝不是打破常规、永葆青春的靓丽呢！

我还知道你姊妹情深，经常和闺蜜铌一道出没社交界，但刚性和韧性自身分毫不褪，凡是和你们有所接触的，都借此见贤思齐。即使非亲非故如碳如氧，偶尔附属一把，行走合金行业或者晶体行业，也是风光无限，而那些晶体与合金鹤立鸡群的效用，多半还是你们姊妹的本事所致。虽然你的踪影四处难觅，尽管你的性情刚硬无比，但是你本质上近乎世间完人。你在原子能、航空航天、高级化工等尖端领域四处出击，做事也喜欢大包大揽，这没有充足底气和过硬本领可是应承不下来的呀！“娴静时如娇花照水，行动处似冯虚御风”，这不正是你将两种风致融为一体的生动写照嘛。虽然瑞典人 A.G. 厄克贝里早在 1802 年就窥得你的真实身份，但请出你可着实不易。1824 年，瑞典人 J.J. 贝采利乌斯费尽心机请出众人簇拥的你的化合物，就以为是一睹庐山真容了，但直到 1903 年，W.von 博尔顿才目睹了你的全副真容。那时的你就已圆转流利，社交能力非凡。而大千世界，其实却难觅你的踪影。可值一提的是，豫章故郡（江西省南昌市）附近的大地，有你略显集中出没的行迹。

每天我都是“坐地日行八万里”，而你常常“巡天遥看一千河”。我自忖能为修德，俱不足为男儿中堪为对应于你之人。唯因衷心一片、痴心一腔、恒心一泓，“愿驰千里足，送卿奔四方”。

爱你的哥哥

2019 年 9 月 24 日

（lovangel，张欣睿）

笔记栏

74. W 钨 Tungsten

嗨，大家好，我是钨。不知过了那么久，还有多少人认识我。不论如何，今天就和大家回忆一下我这艰辛却精彩的一生。

1781 年，有个名叫 C.W. 舍勒的瑞典化学家发现由白钨矿可以制得一种白色酸性粉末，后被证实为钨酸。人类确实聪明，1783 年，藏身在钨酸中的我被西班牙的一对兄弟（J.J. 埃卢亚尔和 F. 埃卢亚尔）通过和炭粉共烧而还原出来，我不得不以黑色的颗粒状态现身。之后，我被命名为 Tungsten，来源于瑞典语 Tungsten，意思是“沉重的石头”。最终他们将我归入元素周期表，居于 74 位，元素符号为 W。

慢慢地，人类开始了解我的优点——熔点高。我是所有金属元素里熔点最高的一个。对热几近免疫的我，即便遇到 3000℃的高温，一样可以不熔化、不变形，还能发出明亮的白色光芒。1909 年美国 W.D. 库利吉成功制取延性钨，为 T.A. 爱迪生发明的电灯解决了最后的灯丝问题。之后，人类开始尝试在灯泡内充入惰性气体，提高钨丝白炽灯的发光效率。进一步发展制造了卤钨灯，利用卤化钨的合成与分解沉积使得灯泡寿命更长，功率更高而且可用来取暖。那段时间里，我也逐渐走进千家万户，被亿万人类所熟知。如今回想起来，那段时间的经历还是异常艰辛。每天一入夜，我就在几百摄氏度的高温中，用尽力气发光，直到全身发红。

虽然白炽灯已经渐渐退出历史的舞台，但我在其他方面有了进一步的发展。19 世纪末到 20 世纪初，我常作为钢的添加剂用于冶金工业。随着制备具

笔记栏

有延展性的钨材料新方法的诞生，以及碳化钨硬质合金的使用，我的应用范围扩大，可在航天工业等方面发挥重要的作用。用我制备的硬质合金，具有超硬的性质，镀在模具的易磨损工件表面能提高其精度并上百倍地延长寿命。所以，硬质合金是用来制作模具和耐磨器件很好的材料。我还能作为钢和有色金属合金的添加剂，很多性能优异的钢材里都含有我。在火箭、导弹、返回式宇宙飞船以及原子能反应堆等尖端科技上我也有非常重要的应用，这是由于我具有优异的物理、机械、抗腐蚀性能。钨合金不仅耐高温，而且在高温下还能保持相当高的机械强度，这是其他金属远不能及的。用掺有银的钨合金做成的喷管可经受 3000 多摄氏度的高温，可用于多种类型的导弹和飞行器。钨纤维复合材料能耐更高的温度，可用于制作火箭喷管。

说到这就不得不提一下我的钼小弟了，他这几年都在外打拼，也不知道把钢铁产业经营得怎么样了。跟他一样，我也可以和氧那个小家伙形成钨氧八面体，进一步堆叠形成同多酸、杂多酸，作为石油工业的催化剂、染料的沉淀剂、新型树脂交换剂等。

不过你可千万别以为这些就是我的全部了，我的故事可绝对没有到此为止。作为不可再生资源，钨矿已被列为重要的战略资源。人类投入很多精力在相关的工业技术优化研究上。在今后的几十年乃至几百年内，我也还会继续为人类发光发热。

（DarkpalZhang，沈星宇）

笔记栏

75. Re 铼 Rhenium

说到元素发现的历史，如果问到哪个元素是最后被发现的，你也许会说："几乎每年都有人工合成的新元素发现，根本就没有最后一说啊。"那如果问哪个天然非放射性元素是最后发现的呢？恐怕大家都会吓一跳——答案就是我，铼。可谓姗姗"铼"迟。

D.I. 门捷列夫曾根据元素周期律预言，存在一个原子量为 190，与锰的性质相似的化学元素，并将其命名为类锰。1925 年，德国 W. 诺达克等用光谱法分析铌锰铁矿时发现了这个元素，命名为 Rhenium，该名字来源于拉丁文 Rhenus，含义是"莱茵河"。

我身高 75 厘米（第 75 号元素），体重 186 斤（相对原子质量约 186），别看我相貌平平，可我有着一身绝技让其他兄弟们望尘莫及，那就是耐酸、耐热、耐腐蚀——我的熔点 3186℃，沸点 5596℃，密度 21.02 克/厘米^3，和酸碱几乎都不反应。把铼镀在电灯的钨丝上，可以把电灯泡的寿命延长 5 倍；在一般金属的表面镀一层铼，就可以防锈，即使是氢氟酸也拿我没办法；我在 2000℃下依然银光闪闪，用来做人造卫星和火箭的外壳再合适不过了。

虽然我的功能如此强大，但是……但是很抱歉地告诉大家，我在大自然中实在是稀有物种，我是第九稀少的金属元素，在地壳中的含量只有十亿分之一。我"四海为家"，寄居在其他元素的老家（矿产）中，如果大家想要找我，最好先到辉钼矿、稀土矿和铌钽矿三位叔叔家看看。也正因此，我才成为了天然元素大家族中姗姗来迟的小弟。我的父母寻觅我的足迹也费了相当一番功

笔记栏

夫，他们用了整整 4 年时间，处理了 660 千克含钼的矿石，才提炼出 1 克纯净的铼。现在，整个地球上也只能找到 2500 吨左右的铼，每年我的产量也只有几十吨，远远小于其他贵金属。

由此可见，我必然身价不菲了。造成我身价如此昂贵的另外一个原因就是我在尖端技术上有着不可替代的作用。我主要用于生产航空发动机部件，制造高精密设备零件和合成优质汽油，西方一些国家还研制出了通过铼过滤器净化汽车尾气的专利技术。此外，铼钼合金还可以做超导材料。哈哈，看到了吧，无论在军用和民用上，我都占有相当重要的地位。

2006 年 9 月，俄罗斯专家发现了储量丰富的铼矿，而且是世界上首例纯铼矿，从而改变了以前关于我的“没有单独矿藏”一说。这项发现引起极大的轰动，究其原因就是我的稀有和巨大的战略意义。呵呵，希望科学家们能够早日开发我的储备，让有着十八般武艺的我，充分闯出自己的一片天空！

（DarkpalZhang，沈星宇）

笔记栏

76. Os 锇 Osmium

我是锇，铂系金属中的一员。

作为铂系金属中的成员，就由我来给大家简单介绍一下我们铂系家族吧！我们家族可是绝对的贵族，因为在地壳中丰度小，也被称为“稀有元素”。我们兄弟之间非常团结，在自然界里经常共生共存，实际上，我和我的几位兄弟都是从铂矿经王水提取后的残渣中被发现的。

我的名字来源于希腊文 Osme，原意是“臭味”，这是因为四氧化锇的熔点只有 41℃，易挥发，并且有刺激性气味。但你们可千万别误会，平日里，我可是很爱干净的。

我喜欢穿灰蓝色的衣服，外观清朗，体质娇脆。但和那些弱不禁风的元素不一样，我是密度最大的金属，密度为 22.57 克/厘米^3，约相当于铅的 2 倍，铁的 3 倍，锂的 42 倍。1 个半径约 22 厘米的锇做成的球就已经重达 1 吨！我在空气、水和酸中都很稳定，甚至王水也奈何不了我。我这油盐不进的性格可是把氧小弟气得不轻。

我经常出现在合金和催化剂中。我和铂形成的合金可以做成又硬又锋利的手术刀。我和铱形成的锇铱合金坚硬耐磨，常用在铱金笔上，让笔更加耐用；也可用在钟表和重要仪器的轴承、电子开关等需要高硬度、耐用性零部件的地方。我还是一种很好的催化剂，合成氨时如果使用我，就可以在不太高的温度下获得较高的转化率。

不过我也有我的弱点——被铁臼捣成粉末后，我会变成蓝黑色。这个时

笔记栏

候，氧小弟就经常趁着我虚弱来报仇。在常温下，我会被缓慢氧化，生成挥发性无色或淡黄色的四氧化锇，而且有类似氯气的强刺激性气味。同时四氧化锇在 48℃时会熔化，到 130℃时就会沸腾。更可怕的是，四氧化锇接触皮肤时会引起皮炎甚至皮肤坏死，进入眼睛后会刺激眼睛结膜进而导致失明，被人体吸入会直接导致死亡。所以，你们可一定要看管好我，不能让我在昏昏沉沉的时候干出错事来。

（xingzhang，沈星宇）

笔记栏

77. Ir 铱 Iridium

1803 年，英国的化学家 S. 坦南特用王水溶解粗铂之后，发现容器底部有一些黑色残渣，他进而分析了残渣的组成并从中发现了铱。由于铱化合物呈现多种多样的颜色：黄色的六氟化铱、棕色的二氧化铱、黑色的六氯合铱酸钠，因此命名为 Iridium，来源于希腊语 Iris，意思是“彩虹”。

铱在元素周期表中排第 77 号，属铂系元素，是一种贵金属。它有着银白色的金属光泽，也是已知密度第二大的金属（最大的是它的邻居锇，虽然二者密度相差无几），是铅密度的近两倍。铱的化学性质极为稳定，是最耐腐蚀的金属之一，在 2000℃的高温环境中依然保持很强的抗腐蚀性；而且几乎所有酸、熔融金属都无法溶解它，人们一般用熔融的氧化性碱（如过氧化钠）将它先转化为二氧化铱，之后溶于王水中。

铱在工业的各种用途

由于铱具有极为稳定的物理化学性质和优异的耐电弧特性，它也被用于制作火花塞的中心电极、部分飞机发动机零件等需要在极端条件下工作的元件。铱的熔点非常高，达到 2446℃，加上它耐酸碱腐蚀、密度高等优异性质，铱也被用作特种合金的添加物之一。

铱在化学化工方面也有极为重要的用途。与同族贵金属一样，多种铱配合物具有良好的催化活性，被广泛应用于工业生产中，如用于甲醇、一氧化碳生产乙

笔记栏

酸的 Cativa 催化法以及很多碳氢键活化反应，这也是铱的主要消耗途径之一。很多铱配合物是良好的光敏剂，可用于不同的光催化反应。

铱 -192 是一种有用的放射性同位素（同位素：质子数量相同但中子数不同的核素），便携式 γ 射线探伤机是铱 -192 在工业中最重要的应用之一，被应用于航空、造船、石油化工、压力容器制造等行业。这种探伤机体积小，而且探测厚度大，对于球罐等一类难检测部件可实现一次性全景曝光，大大提高了探伤效率。

生活中的铱

虽然铱是地壳中较稀有的金属，但我们仍能在生活中找到它的影子。很久以前，高级钢笔的笔尖是金银铜的合金制作的，这种合金弹性、硬度俱佳，抗腐蚀性能良好，唯一的缺点是不耐磨。在密度极大的铱被发现后，人们改用铱锇合金制作笔尖，使其更耐磨，写起字来更加顺滑。

（CCME，王茂林）

笔记栏

78. Pt 铂 Platinum

关于铂，大家肯定不会陌生。铂作为一种象征高贵的金属，早在公元前就被古埃及人和南美人加工为工艺品和生活用品。但是直到1735年，西班牙科学家A.de乌略亚才在来自美洲大陆的矿石样本中发现了铂。之后经过几代人的不懈探索，人们对铂的了解越加深入，铂也被开发出除了作简单装饰品以外的众多用途。

铂是地壳中最稀少的元素之一，含量约为$1\times10^{-7}\%$。铂的化学性质很稳定，但铂易溶于王水变成氯铂酸。由于铂的熔点很高（1768.4℃）且耐一般物质腐蚀，故铂坩埚常用来分析腐蚀性物质或在高温生长晶体。

铂——现代工业的维生素

铂的应用从实验室到生活中，无处不在。而铂也与金一样作为贸易商品在市场中流通，被大量用于首饰制作。但铂最重要的应用却是在工业领域，这主要归功于铂丰富的催化功能。由于铂对氢气等气体优异的吸附性能和对许多化学键的特殊活化能力，许多燃料电池使用铂电极作为电催化材料；工业中的许多氢化反应，如植物油的氢化也使用铂作为催化剂。

同时，铂在一定温度下可以将长链烷烃裂解为短链烯烃或重整为芳香烃，因此铂基催化剂被广泛应用于石油工业。在绝大多数汽车尾气催化剂中，都会添加铂，以协助未充分燃烧的燃料分解为二氧化碳和水。由于芳香烃和烯烃等石油化工产品都是最基本的化工原料，且催化加氢等都是最重要的工业过程，因此铂有“现代工业的维生素”之美誉。

越来越多的研究发现，不仅是金属铂，铂的化合物对很多反应的催化活性都非常高，越来越多的铂化合物被开发为有商业潜力的催化剂。可以说，从厨房中的氢化植物油到汽车中的燃料，铂不仅是现代工业的维生素，也是现代生活的催化剂。

有趣有用的铂化合物

多种多样的铂化合物也有非常有趣的历史故事和重要的应用价值。哥本哈根大学教授 W.C. 蔡斯首先发现了铂为中心原子的蔡斯盐，这是人类发现的第一个烯烃配合物。蔡斯盐的发现突破了以往人们对配位键（一种由配体提供一对电子，与配位中心原子形成的化学键）的认识，大大推动了金属有机化学的发展。1965 年，美国密歇根州立大学化学家 B. 罗森伯格发现铂化合物对大肠杆菌的生长有明显抑制作用，而且一种极为简单的分子——顺铂的效果最好；他还发现顺铂具有优异的抗癌活性，仅 13 年后美国食品药品监督管理局（FDA）就批准了顺铂的临床应用。顺铂可以治疗淋巴瘤等多种实体和血液系统恶性肿瘤，尤其对睾丸癌特别有效——顺铂的使用使其治愈率大幅提高。后来的研究提出了可能的抗癌机制：顺铂在体内水解后，与 DNA 中鸟嘌呤结合并使 DNA 发生交联，抑制癌细胞的有丝分裂，进而导致癌细胞凋亡。

直到现在，顺铂和改良后的铂化合物，如卡铂和奥沙利铂等含铂小分子仍是多种癌症化疗的一线用药。

（CCME，王茂林）

笔记栏

79. Au 金 Gold

金的历史

金被认为是最早发现的化学元素之一。金的元素符号 Au 来源于拉丁文 Aurum，原意是“光辉的黎明”。黄金最早被人们用来制作装饰品是在公元前 3000 ～ 前 4000 年的古埃及。我国殷商时期，人们已经采集金制作饰物了。而且早在公元前 8 世纪，可以长期保存、体积小且价值高的黄金便作为货币，并成为财富的象征。“烈火见真金”“一寸光阴一寸金”，黄金也被人们赋予了珍贵的含义。

由于人们自古以来对金的推崇，金在市场经济中发挥着重要作用。黄金作为交易的媒介已有 2000 多年历史。直到现在，黄金仍然作为一种投资品在国际期货市场中扮演重要角色。

金的化学性质和开采

金的化学性质非常稳定，在空气中加热到熔化都不会被氧化。金与碱或单独的硫酸、盐酸、硝酸都不发生反应，但溶于王水，而且熔融的氢氧化钠能腐蚀金。

由于金在自然界以单质的形态存在，虽然曾发现过如“Welcome Stranger”等重达数十千克的天然大金块，但绝大多数的金都分散在矿石中，开采难度

笔记栏

大。古代的开采方式主要是手工淘金。成吨的矿砂在溜槽上被水冲刷，金的比重比沙子大，它顺着溜槽底面的缝隙流进金槽，再用淘金簸子筛选和多次分离，才能得到一小撮金沙。

金还可用氰化物法提取，用 0.2% 氰化钠溶液在空气中使金形成配合物而溶解，再用锌还原成金。电解法精炼可以得到纯度 99.95% ～ 99.98% 的金。存在于铜矿中的金，在铜电解精炼时留在阳极泥中，经过化学法或电解法可制得纯金。

金的物理性质和应用

金是柔韧性、延展性最好的金属。可被展压成厚 0.00001 毫米的半透明金箔和拉成 0.5 毫克/米的金丝。金优异的延展性很早就被古代人用来制作金箔，“南京金箔锻制技艺”还被列为我国首批国家级非物质文化遗产。直到现在，金箔仍被大量用于装饰雕像等艺术品。

在金属中，金的导电性仅次于银和铜，加上金稳定的化学性质和易加工的优点，金被越来越多地用于电子和航天工业中。在高级电子开关上，为防止电路频繁通断时电火花对触点的损伤，那些开关触点上会镀有一层很薄的金，使开关可以耐受电火花打击并大大延长了使用寿命。金箔对于红外线的反射率接近 100%。宇航员面罩表面镀有一层很薄的金，可以保护宇航员免受太空中强烈辐射的伤害，同时有助于保持宇航服内相对舒适的温度。

除此之外，金还在铸造、医学等领域有广泛的应用。由于纯金太软，容易磨损，因此常在金里掺少量铜、镍，用来铸造金币和首饰。金镍铁锆合金耐磨、抗腐蚀，是可变电阻中理想的绕阻材料（将电阻丝绕在玻璃纤维柱上，并在外层加绝缘材料的电阻为线绕电阻，其中的电阻丝为绕组材料）。金镍合金强度高，耐高温、抗腐蚀，可用来焊接发动机的叶片。金的合金也曾是补牙、镶牙材料。

笔记栏

有趣的金纳米粒子

公元 4 世纪时，罗马帝国的工匠们就制造出了“会变色”的 Lycurgus 玻璃杯，原理便是金银合金的纳米粒子的光学效应；1856 年，英国科学家 M. 法拉第对金纳米颗粒的水溶胶进行研究后，认识到可能是颗粒尺寸影响了它的颜色。而 20 世纪发明的各种显微技术尤其是电子显微镜，对金纳米颗粒的光学效应研究产生了巨大影响，使人们逐渐认识到是金纳米粒子的大小和形状使之产生了神奇的光学效应。随着可控化学合成手段的进步，科学家们开发出了十几种合成不同尺寸和形状的金纳米粒子的方法，并发现随着颗粒尺寸的增大，其颜色从鲜艳的红色、蓝色变化到紫黑色，最后变成无色透明。这一系列现象都是由金纳米颗粒表面等离子激元共振（金属表面电子在外界电磁场作用下产生的集体振荡现象）造成的。

特定大小、形状的金纳米粒子在医学中也有重要用途。在对金纳米粒子进行表面修饰，使其附着一些其他分子后，它们就可以对肿瘤进行检测、用作生物传感器和生物成像等，也可以用于癌症药物的靶向输送（药物选择性地输送并富集于癌组织，是对正常组织伤害较小的一种药物输送方式）。目前，美国食品药品监督管理局（FDA）已经批准了多种用于成像和靶向治疗的金纳米粒子药物进行临床试验。不仅如此，胶体金还可用来治疗风湿性关节炎等疾病。随着医学和化学的不断发展，相信金纳米粒子会在更多领域造福人类。

（CCME，王茂林）

笔记栏

80. Hg 汞 Mercury

中国人和印度人很早就知道汞了。在公元前1500年的古埃及墓中也找到了汞，公元前500年左右汞和其他金属一起被用来生产汞齐。古希腊人将汞用在墨水中，古罗马人将汞加入化妆品中。汞的英文名为Mercury，元素符号Hg，原子序数80，原子量200.59，属ⅡB族。汞是室温下唯一呈液态的金属，故俗称水银。

汞是地壳中相当稀少的一种元素，极少数的汞在自然中以纯金属的状态存在。朱砂、氯硫汞矿、硫锑汞矿和其他一些与朱砂共生的矿物是汞最常见的矿藏。汞的主要产地是西班牙和中国。汞有7种稳定同位素，12种放射性同位素。朱砂在流动的空气中加热后生成气态汞，温度降低后汞凝结成液态，这是生产汞的最主要的方式。

汞导热性能差，而导电性能良好。汞容易与大部分金属形成合金，包括金和银，但不包括铁。这些合金统称汞合金（或汞齐）。汞最常见的应用是制药、选矿领域，汞还可制作温度计以及在电子或电器产品中获得应用。

纯汞和大多数汞的化合物都有剧毒，口服、吸入或接触后可以导致脑和肝的损伤。因此，今天的温度计大多数使用酒精取代汞，一些医用温度计仍然使用汞是因为它的精确度高。当人体内蓄积达2毫克/千克时，即可发生中毒。亦可经胎盘传给胚胎，形成先天性水俣病。汞破坏中枢神经组织，对口、黏膜和牙齿有不利影响，长时间暴露在高汞环境中可以导致脑损伤和死亡。

在历史上，一些重大化学发现或多或少和这种神奇且危险的元素相关。

笔记栏

1774 年，英国科学家 J. 普里斯特利就是通过加热氧化汞实验，收集释放出来的气体，才奠定了氧气发现的基础。

硼化学新领域开辟的征途中曾历尽艰辛。早在 1881 年，人们试图制取单个的硼烷，但是，这些物质太活泼了，很容易受水的进攻，在空气中也可以自动燃烧。直到 1912 年，德国化学家 A. 施托克发明了用金属汞制成的低温真空泵，才获得了单个硼烷。施托克为硼化学奋斗了整整 20 年。不幸的是，由于长期与汞打交道，施托克和他的同事们得了汞慢性中毒症——头痛、肢体麻木、精神疲倦、记忆减退、丧失视觉。他们现身说法向人们大声疾呼：“小心汞中毒！”从此以后，人们对汞的毒害才有了足够的重视。

（pastor，张欣睿）

笔记栏

81. Tl 铊 Thallium

元素大厦的第六层，住着第 81 号元素铊。冰冷的银色墙壁，一如传说中铊的颜色。我摸了摸怀里的解药，幸好还在。墨绿的瓶中装着铊的宿敌——普鲁士蓝（铊可置换普鲁士蓝上的钾后形成不溶性物质，并随粪便排出）。

门慢慢开了，我不由得一个激灵，思绪回到银色的墙壁前。我试着慢慢摸索进去。黑暗中传来一声低低的问话："贵客光临，不知有何贵干？"

"你是谁？"我警觉地掏出墨绿的小瓶，才看清正对自己的是一个屋子，那声音从屋子中断断续续地传出。

被囚禁于这第 81 间小房子中的还会有谁？是铊！一定是他！在等到那一声低沉的应答之前我已确信。"你可知道你作孽太多？！你曾被人用作毒药，而且毒发后继续隐藏潜伏，让人们难以怀疑到你！"我厉声质问。

"我知道，我有罪。只是，你是否愿意听听我的故事？"借助门外映入的一丝暗弱光线，房内的环境渐渐清晰。屋子上那把大锁传来安全而冰冷的信号，我也提醒自己保持警觉。那边则继续传来低沉的声音，慢慢讲述着他的过去。

"从 W. 克鲁克斯在光谱中发现我开始算起，我已经闯荡江湖近 160 载了，有时对人类造成伤害。但我已经老了，也不知道在这屋子里熬过了多少日日夜夜，我无时无刻不在忏悔曾经给人类带来的痛苦……"

此时，有另一个声音传来，但是环顾这个狭小的房间，周围并没有发现别人。原来这也是屋子里的声音："要说罪过，也应该是犯罪分子酿成的大祸。"

笔记栏

我定了定神，说道，“难道你是硫酸亚铊？”

“不错！我就是恶名昭著的硫酸亚铊。但是，我要告诉你，真正的刽子手是那些坏人！”

我听到老者低沉的声音又再度响起，“诞生之初，我带着铊家族待在这屋子里。后来这屋子被人非法开启，酿成的大祸骇人听闻。”

老者沉吟着，“想当年，我等也曾作为灭鼠剂、杀虫剂造福过人类。那时是何等的荣光，只是……”

这时，另一个铊家族成员说道：“后来还不是慑于我们的毒性不得不束之高阁？过去荣光，可我们现在是什么样子？将来呢？”

“我知道其实铊家族中的很多物质可以优化产品性能，将来必然有用武之地。”我说了一些我所了解的情况，比如：“电子工业中，电导率随暴露光强度变化的硫化铊可以用于光敏电阻；半导体中掺杂铊可以改善其性能。铅铊锡合金、银铊合金、金银铊合金都有极好的性能，是制造轴承的上好之选；溴化铊和碘化铊晶体不仅硬度高，而且对长波红外的透射率非常高，是优秀的红外光学晶体；铜酸铊等铊盐是高温超导体；在 γ 射线闪烁计数器里，铊也可以增强射线的电离效果！还有特种玻璃、有机反应催化剂……”

“那为什么还要把我们锁在这阴暗狭小的监狱里？”硫酸亚铊打断了我。

“你们还不了解自己的危险性吗？”我赶紧说，“我来见你们一面尚且需要特殊批准。”

“贵客来此有何事情，就请自便吧。”老者替我解围道。我这方才惊醒，刚才一紧张竟忘记了正事。“我是来这里看一眼，了解一下你们，然后回去介绍你们铊这个家族。我相信，科技的进步应该可以找到让你们安全、高效地服务于人类的方式。”

我手攥普鲁士蓝瓷瓶，打开了那把大锁。门一开，里面突然亮了一盏灯，又吓得我倒退两步。只见屋子里摆放了十几个小瓶：闪着青白色光芒的铊，白色的硫酸亚铊、碳酸亚铊、氯化亚铊……我看得出神，竟对身有剧毒的“铊”们放松了警惕。

笔记栏

"好，我看完了。来时师傅吩咐我看完后一定要锁好门……"等了片刻，见没有回答我便关上屋门，锁上那把大锁。正要退步出门，硫酸亚铊忽道，"这么容易便走了？"

我吃了一惊，急忙手执普鲁士蓝的瓷瓶做出防卫姿势。但看到那把大锁还在，声音只是从屋子中传出，这才松了一口气。

又看了一眼这 81 号房间的门牌号，我转身离开。

身后仍不时传来争吵声。我将那普鲁士蓝瓷瓶又揣回了怀中，向着走廊尽头走去。

（CCME，王茂林）

笔记栏

82. Pb 铅 Lead

巴黎，塞纳河畔的一间小屋。

一个男子正小心翼翼地掸去一尊高大塑像上的浮灰，他双眼深陷，血丝密布，已经工作了不知多少个日日夜夜。屋内灯光昏暗，陈设凌乱，遍布破碎的金属屑和小刀、砂纸等雕刻工具，以及未完成或废弃的人物半身像。一望即知，他以雕塑为生。

终于，他郑重其事地揭开了蒙在雕塑上的绸布，一尊银灰色女神像现于面前。他微微露出笑意，一年来的辛苦构思、设计、构图终于结出硕果，即便是挑剔的他，也不由得得意起来。

然而他似乎觉得还是有遗憾和瑕疵。他仔细地观察，静静地思索。在准备工作期间所阅读的资料慢慢浮现于眼前。“82 号元素铅，拉丁语‘Plumbum’，银白色，是一种质地较软的重金属。早在 7000 年前人类就已经认识铅了。它分布广，容易提取和加工，熔点还低。古罗马帝国时期人们用铅制作器皿和水管……”他恍然大悟。他塑造的形象应当厚实而妩媚，然而自己雕刻的塑像却只是僵硬地摆出一副躯体来，肌肉的线条显得如此粗糙干瘪。他又拿起自己的雕塑刀，轻轻地一点点修改。几小时后，他再次审视雕塑，忽然觉得自己的修改并没有收到相应的效果。

再度翻开厚厚的资料，映入眼帘的是这样一段话：“文艺复兴时期，铅被用在化妆品中；铅化合物还成了广泛使用的颜料如铅白、铬黄、红铅和雕塑用材料。随着工业革命的出现，铅产量大幅增长，含铅涂料、金属制品使用量大

笔记栏

增。含铅涂料能提高油漆的耐用程度并抵抗潮湿，含铅合金也容易加工成型。1921 年，美国开始在汽油中添加四乙基铅以提高其抗爆性……铅与人们的生活如此接近，但它的剧毒性也导致后来的全球性公害。方铅矿提炼过程中焙烧和汽车尾气产生的铅造成了严重的空气污染和环境破坏，导致美国接近 80% 的人口血铅水平升高。在发展中国家，铅矿周围的居民也深受其害。铅在人体内可以长期积累，损伤神经系统和造血系统并直接影响儿童的智力发育、学习记忆和注意力等脑功能，最终导致死亡。”

触目惊心。

他默然翻过一页，又看到一段令人不愉快的文字：“从 20 世纪 80 年代中期开始，铅的应用开始骤然下降。主要原因是铅的生理毒性和对环境的污染。在发达国家含铅的油漆、涂料和汽油等被禁止出售。”他马上发现问题的所在。于是他甩开厚重的资料，抄起雕刻刀，继续开始细心地工作。

再度收工时，女神脸上取而代之的是庄严肃穆，凛然不可侵犯之气；手中也不再虚执鲜花，而变成了锋利的宝剑和坚固的盾牌。他不由得打了个响指，不错！双面女神就是如此：体态轻盈，温柔亲切；又庄严肃穆，威风凛然。

他又一次看着书中的话：“虽然铅的毒性很大，但这并不妨碍它成为一种对人类社会有巨大贡献的金属。制作轴承的铜合金中添加铅，可以改善合金的加工性能，提高润滑作用。高密度、原子序数大、价格低使铅成为理想的 X 射线和 γ 射线屏蔽材料。医院中的 X 射线室、含放射性物质的实验室中都装备了铅制防护材料。而铅最重要的用途是铅酸电池，这是一种依靠铅、二氧化铅和硫酸铅之间的氧化还原反应储存电能的电池。虽然各种新型电池层出不穷，但铅酸电池依靠它较低的成本，超高的充放电电流稳定性、安全性和对复杂工作条件的适应性，依然是目前生产量最大、用途最广泛的电池……”看到这里，他笑了，这尊双面女神真的是第 82 号元素的生动写照——手拿宝剑和盾牌的温柔女神。

在洒下过汗水之后，终于有所收获。他再一次钻入厚厚的资料堆，开始新的纠错和构思工作……

笔记栏

三个月后，巴黎高等师范学院。

校长在主持元素系列塑像的揭幕仪式。在进行到第 82 座塑像的时候，校长激动地说道:“本塑像的作者是一位著名的雕塑艺术家。他的作品大气恢宏，这次他又恰如其分地展现了铅的重要属性和双面性。只是他执意不来参加活动，着实令人费解……”

这时，雕塑家已经悄悄卖掉所有工具，离开了巴黎。他知道，这是他的封刀之作。因为他本来是想做个化学家，而不是雕塑家的。

（CCME，王茂林）

笔记栏

83. Bi 铋 Bismuth

人类有联合国大会，元素们也有元素联合大会。大会秘书长 D.I. 门捷列夫发现元素们竟然会结派。原来元素们分成非放射性元素和放射性元素，两派互相鄙视。非放射性元素认为放射性元素不仅污染环境，而且寿命不长，不值得打交道；放射性元素却觉得他们更重，而且对自己的出身非常自豪。他们大部分出身于极端的环境中，比如人类文明进步的象征之一——回旋加速器。

门捷列夫秘书长苦思良策，终于想出一个办法：让所有元素投票选出一个自己认同的代表，大家都服从该代表的调解。投票大会前门捷列夫一直忧心忡忡，担心选不出大家都认同的元素，但结果一公布，所有的选票竟然都指向同一个元素。那么这个元素是谁呢？不用说大家都知道了，就是我——铋。好，现在轮到我发表就职演说了。

《在元素联合大会上的就职演说》

各位兄弟姐妹们，非常荣幸能得到大家的认可。考虑到列席的人类代表可能还不太了解我，我就陈述一下我当选的理由并做一个简要的自我介绍吧！

我是第 83 号元素，也是原子序数最大的非放射性元素，我想这是一众非放射性元素尊我为老大哥的原因吧。这里还要提一点，虽然长期以来人们一直认为我是非放射性元素，但 2003 年时，人们发现了我极弱的放射性。但是我的半衰期大约有 1.9×10^{19} 年，相当于宇宙年龄的十亿多倍，于是乎我仍是非放

笔记栏

射性元素。同时由于我是最重的非放射性元素，我成了很多放射性元素的直系长辈，特别是超铀元素。其中 107 号、111 号兄弟都是通过我和一些中质量核轰击合成的。我想这是放射性元素家族推崇我的原因吧。

讲完了当选的原因，可我的特点还不止这些。元素世界中大部分成员都有明确的发现日期和发现者，但有 13 个元素是例外。这 13 个元素是人类在科学还未发达的时候就已经发现了的，我就是其中的一员。早在中世纪我就被广泛应用，尽管我的元素英文名来源于拉丁文 Bismuthum，意为“白色物质”，但这和我的现状不太符合。我是略带桃红色、有彩虹光泽的金属，晶体非常漂亮。但考虑到我常和锡、铅共生，那时难以区分就算了。而我也可能是历史上曾用名最多的元素之一了，我在欧洲被使用过 21 种名称。

讲完历史再讲讲实用的东西。超导是 20 世纪凝聚态物理最重要的发现之一，这一点看看那些诺贝尔奖就知道了。我和汞都是最早被发现具有超导性质的金属，我的不少合金也是有超导特性的。非同寻常的是，超导介质具有完全的抗磁性，我的单质在常温时就是已知金属单质中抗磁性最强的，也是仅次于汞的热导率最低的金属，还是有最大霍尔效应的金属。我的“最”真多，是吧？

尽管我在地壳中的丰度只排第 66 位，和贵金属银接近，但我被广泛用于冶金、焊接和涂料中。含铋 50% 的伍德合金熔点很低，可以用来制造保险丝；特定比例的铅铋合金中由于凝固时铅的收缩和铋的膨胀相抵消，铸造过程中形状变化极小，被用来制作高精度的模具；我的氯氧化物具有独特的层状结构，不同层对光折射性质不同，可以产生珍珠样色泽，是很好的珍珠白颜料。而且由于我的邻居铅毒性特别大，我俩的密度也很接近，所以近年来我也有了新用途——代替铅作焊料等。

神奇的是，虽然我是一个重金属，而且左右邻居都是人类望而生畏的有毒物质，但我却毒性不大，所以我最重要的用途竟然是制药和化工领域！2017 年，美国 66% 的铋用于合成药物和化学品。含有铝酸铋、硝酸铋等的药物服用后可以在胃部形成保护膜，保护溃疡不受胃酸侵蚀，还能杀灭臭名昭著的幽

笔记栏

门螺旋杆菌。我的水杨酸盐也可以止泻，而我的一些配合物还有不错的杀菌功效。虽然我在很多药物中担任主角，但作为一种较难代谢的重金属，我还是有一定生理毒性的，长期服用我制成的药可能导致脑、肾功能受损。

最后谢谢大家的支持，特别是列席的人类代表，希望大家多多宣传，壮大我们元素世界的力量！排在我后面的元素很多都是你们创造的，更期待你们能为元素大家庭增添更多新成员！

（CCME，王茂林）

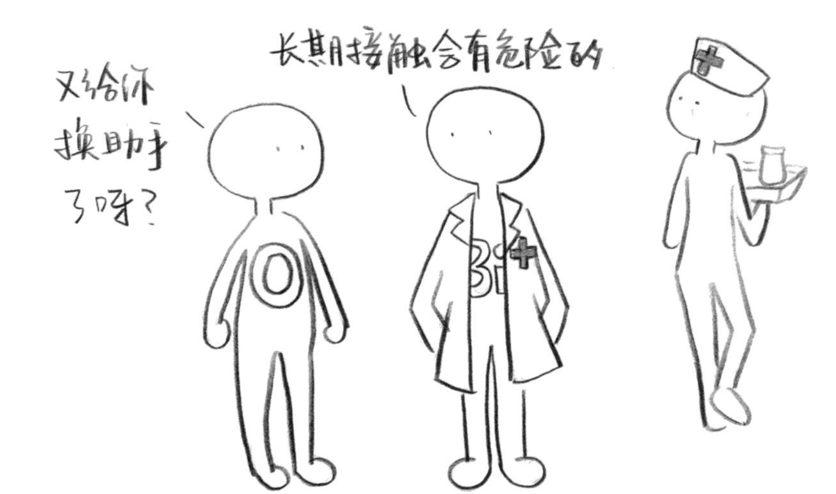

笔记栏

84. Po 钋 Polonium

沿着元素王国第六周期旅行的我们在到达铋的时候就要小心了，铋是稳定元素的前哨，其后的元素都有放射性。我们今天的主角钋便处于危险地带的最前沿。

H. 贝可勒尔发现铀的天然放射性后，居里夫人开始对铀的放射性展开具体研究。她利用丈夫 P. 居里设计过的一套平面电容器加电池的简易装置检测射线。如果电容器金属平板间有铀盐，空气就会被铀射线电离，离子向正负两极移动并产生电流，电流计就会出现相应的偏转。居里夫人收集了各种各样的化学物质，并把这些物质放到电容器的金属板上。她发现沥青铀矿和铜铀云母在电路里引起的电流比铀本身强烈的多，这表明其中可能隐藏着一种放射性更强的新元素！居里夫人决定使用人工制造的化学组成与天然矿物完全相同的铜铀云母进行对比实验，发现天然矿物的放射强度是人造矿物的五倍多！这说明天然铜铀云母中的确存在着一种放射性极强的杂质。

由此，居里夫妇两人开始了寻找这种未知物质的艰辛历程。他们把矿石溶解在酸里，再通入硫化氢，矿物里原有的铅以及铜、砷、铋形成了沉淀，而铀、钍、钡和其他物质留在了溶液里。那么未知物质是在沉淀还是在溶液里呢？他们把沉淀和溶液一一放到电容器的金属片上试验，发现沉淀的放射性更强，于是继续在沉淀中寻找该元素。在进行了一系列提纯后，剩下的一部分物质发出的射线强度是铀的几百倍。这部分物质包含铋和极少量的未知元素。1898 年，居里夫人为了纪念她的祖国波兰而将这种新元素命名为 Polonium，

笔记栏

中文译为钋。钋也是人类发现的第三个放射性元素。

此时居里夫妇还没有得到纯的钋。因为钋的天然丰度极低，地壳中钋的平均丰度为 $3\times10^{-14}\%$，而且它的半衰期很短（钋 -210 半衰期只有 138.4 天），因而提纯钋变得极为困难。实际上，较纯的钋 -210 是将铋 -209 在中子反应器中用中子辐照后经过分级真空蒸馏后得到的。

钋是银白色金属，质软，其衰变产生的 α 射线会电离周围空气并使之在黑暗中发光。钋在空气中会慢慢氧化，它的化学性质与同周期的铊、铅、铋相似，但与碲等氧族元素差异较大。钋易与酸反应，能与氢或碱金属形成不稳定的钋化物。钋共有 42 种放射性同位素。大多数钋同位素都是通过人工核反应合成的，它们的半衰期各不相同。钋的所有用途都依赖于它的放射性，它是一种几乎纯粹的 α 射线发射体，而其 γ 射线的活度仅为 0.0011%。因为半衰期短，每克钋仅靠发射 α 射线就能以 140 瓦的巨大功率自加热，可用于卫星上的热电源。钋释放的 α 射线可以有效去除静电，老式抗静电刷中装有一条含钋的金带，钋使周围空气电离并消除静电。除此之外，钋还可做中子源。

虽然一张纸即可挡住钋衰变产生的 α 射线，但钋进入体内会造成严重的内照射；其半衰期很短，因此它对人体的毒性极强——纳克级的钋就足以致命。

（CCME，王茂林）

笔记栏

85. At 砹 Astatine

我是砹，是卤素家族中的老大。

看到这儿，想必大家对卤素家族早已不陌生了。我们卤素家族，可谓是所有家族中传承最久远的一族。氟、氯是气体，溴是液体，而我和碘是固体，这种“三世同堂”的场面，在元素家族里可是绝无仅有。而说到我的性质，大家也应该能通过氟、氯、溴、碘这几位推断一二。但除了继承了卤素家族活泼的性格，并且拥有从小到大氧化性减弱、还原性增强、金属性增强、非金属性减弱的一般特性以外，我还有一些自己的秘密，让我慢慢讲给你听。

我最大的秘密，就藏在我的名字里。我的英文名是 Astatine，由希腊文 Astatos 衍生而来，意思是“不稳定”。1940 年，美国加州大学伯克利分校的三位科学家 E.G. 塞格雷、D.R. 科森、K.R. 麦肯齐在实验室第一次合成了我。当时，他们将 α 粒子用回旋加速器加速到能量为 28 兆电子伏，轰击铋靶，并且在空气中加热铋靶，从而制得了砹 -211，其半衰期只有 7.2 小时。半衰期最短的砹 -213 只有 125 纳秒，最长的砹 -210 也只有 8.1 小时。自然界也存在少量的放射性砹 -215、砹 -218 和砹 -219，其中砹 -218 寿命较长，是铀 -238 衰变的子体元素，但也只有 1.5 秒。

由于我的同位素半衰期短，而且数量少，所以我的性质大多是由同族元素用外推法得到的估计值。我的熔点为 302℃，沸点 337℃，氧化态为 -1、0、+1、+3、+5、+7。自然界存在的砹都是天然放射性衰变系的衰变产物，存在量极少，在地壳中的原子质量分数只有 4×10^{-23}。

也许你会质疑，这么不稳定的元素除了用来填补元素周期表的空穴，还有什么用处？那就是你有所不知了，医疗上常通过摄入半衰期较短的放射性物质来治疗肿瘤。但由于我能够富集在甲状腺，目前运用还比较受限。

正因为我的不稳定和稀少，我在人类面前还保持着一丝神秘。我的其他秘密，就等待你来慢慢揭开了。

（ula，沈星宇）

笔记栏

笔记栏

86. Rn 氡 Radon

夜。

“这次又有新的犯人了吧，拿案卷过来！”化学法庭的大法官说道。

“是！”

姓名：氡

代号：86

家族：零族

其他家族成员：氦、氖、氩、氪、氙、氭

嗯……大法官不禁寻思，这个调皮捣蛋鬼的几个兄弟内向得紧，当年为了让他们和别人搭个讪，费了我们半天的功夫，搞了半天氦和氖任尔东西南北风依旧岿然不动，所以人们以前都给他们一个绰号“惰性气体”。氡这孩子照理也是懒惰的主啊，怎么就犯了事儿啊？接着看吧。

发现者：以 W. 拉姆齐同学为首的一批科学家。

果然又是他哦，这位大牛自从通过那个被人津津乐道的“百分之一”的故事发现了氩之后，便一发而不可收地与零族的兄弟们打上了交道，先后通过液化空气和光谱分析的方法找到了氦、氖、氪、氙几个稀有气体元素，最后获得了 1904 年的诺贝尔化学奖！想到这里，大法官不禁叹了一口气，我怎么没有这么好的运气呢，如果我早生 100 年，然后，然后……但是作为认真负责的法官，他还是很自然地停止了遐想，开始专心阅读起氡的发现史，一读却大吃一惊，原来这个家伙这么有来历！

笔记栏

1899年，R.B. 欧文斯和E. 卢瑟福在研究钍的放射性实验过程中，发现钍不仅放出射线，同时还放出具有放射性的气体物质，当时被称为钍射气。1900年F.E. 多恩在镭制品中发现了镭射气。1902年，德国的F.O. 吉塞尔和法国的A.-L. 德比埃尔又从锕中发现一种射气。于是这些射气被分别称为钍射气、镭射气和锕射气。拉姆齐从1903年开始对这些射气进行探索，到1908年，经过拉姆齐等人辛勤努力的工作，确定这些射气是同一种新元素，性质类似已经发现的一些稀有气体，于是把这种元素命名为“氡”，原意是“发光”，即在黑暗中能够发亮。两年后，拉姆齐等人又测定出氡的相对原子质量为222，进而确定其在元素周期表中的位置。后来进一步证明这三种射气是氡的三种同位素。

原来，氡是镭、钍和锕这些放射性元素在蜕变过程中的产物，因此只能在这些元素发现后才有可能被发现。唉，好麻烦呀。

相貌：在通常条件下，氡是无色无味的气体；固体氡有天蓝色的钻石光泽，熔点 -71℃；氡较易被压缩成无色的发磷光的液体，沸点 -61.7℃。化学性质极不活泼，没有稳定的核素。

笔记栏

真的是平淡无奇啊，这……这和他的兄弟们都差不多啊。不过，据说氩，氪，氙三位兄弟已经得到了化合物，看看他呢？大法官拿起柜子上面一本厚厚的砖头书，翻了半天……

至今已制成的氡化合物实际上仅有氟化氡，而且氟化氡是很难制备的。

大法官琢磨着，就这个样子，也不至于犯什么大事啊，怎么回事呢？突然发现自己老眼昏花，那些熔点沸点一串数字把他搞晕了，漏看了氡的性质还有一行字，还有这……氡是一个天然的放射性元素，也是至今唯一的一个放射性气体元素。

唉，你为什么偏偏是一个放射性元素呢……还是天然的……

氡是稀有气体中原子序数最大的元素，第一电离能最小，理应易于生成化合物，但是由于其所有的同位素都具有很强的放射性，且半衰期都很短（最长的氡 -222 也只有 3.823 天），这就增加了研究氡化合物的难度，因为氡原子本身就“稍纵即逝”。判断氡是否生成了化合物主要根据氡和氡的化合物挥发性的差异。这是根据单质氡的挥发性大，而氡化合物的挥发性小的原理。而且氡的分析测定不是用传统的化学方法，而是利用氡及其衰变体系自身的放射性，用放射性探测仪测定。这不，连研究化合物都困难，所以说对于氡和氡化物的化学性质，不禁惭愧说知之甚少。

罪状：致癌，造成环境污染。

氡从来源与迁移途径上讲不同于一般的挥发性气体，他主要产生于土壤、地基和建材中，另外还存在于地下水和天然气燃烧残留物中。从对人体伤害的角度来讲，氡气会大大增加人们患肺癌的可能性。呼吸时氡气及其子体会进入肺脏，氡子体衰变时放出射线，这种射线会像小子弹一样轰击肺细胞，从而伤害肺细胞，引发患癌症的可能。有害的挥发性气体会随着时间的推移逐渐降低到安全水平以下，但氡气的浓度却不会减少。因此，氡气对人体健康的危害更大。从 20 世纪 60 年代末期科学家首次发现室内氡的危害至今，人体所受到的全部环境辐射中很大一部分是由氡造成的。

大法官长叹一声，没想到稀有气体家族中居然出了这样一个家伙。照理说，建筑材料应该经过严格的质量检验，其中必然要包含氡值不能超标这一项。可是事实上，如今建材市场中的一些材料，并没有经过严格的检验就流入市场，导致危险的致癌物质流散，对人们的生命健康造成了严重的威胁。

笔记栏

于是，略略思索后，法官写下：氡对人体的危害，奸商惹的祸。

夜逐渐深了，我们的法官拿起了下一个案卷。

（AzureBlue，方润亭）

笔记栏

87. Fr 钫 Francium

浪漫之都、时尚之都——巴黎，埃菲尔铁塔，凯旋门，卢浮宫，巴黎圣母院，凡尔赛宫……这么多令人神往的地方都在那一片国土上，那个国家就叫法国，France。元素世界中，也有一个元素，名叫 Francium，中文译为钫。

这么浪漫的名字，背后自然有一段浪漫的历史。钫的发现者 M. 佩雷是法国人，曾经在伟大的居里夫人的实验室工作过。钫的发现过程具有戏剧性，而且是有强烈的喜剧色彩。当时，化学家们试图借助他们已经比较熟悉的粒子轰击法得到类铯和类碘这两种元素。从原子序数可以看到类碘（也就是后来发现的砹）是 85，而类铯（钫）是 87。在当时的实验条件下根本没有适合的靶子和轰击粒子来合成类铯，而合成类碘却可以用 83 号铋和 α 粒子。因此钫的发现一度被认为是不可能的。事实是什么呢？砹于 1940 年被合成，而钫的发现早在 1939 年的 1 月 9 日就发表了。佩雷是如何做到了别人认为不可能的事呢？她既没有发明任何新的方法，也没有对天然的类铯的可能来源深思熟虑和苦思冥索，她只是想起了一篇 1914 年就发表的文章。该文章指出精细纯化的样品锕 -227 在不断发射 β 粒子的同时，也不时发出 α 粒子，那就是说样品中会不断累积质子数为 87、质量数为 223 的原子，那不正是类铯吗？因此佩雷的工作就成了用化学分析方法证明这是一种新元素。她花费了几个月的时间研究该原子的性质，令人信服地说明钫的一切特征与铯类似。于是第 87 号元素诞生了，佩雷为了纪念自己的祖国，将之命名为 Francium。钫诞生的过程是那么的简单，而用人工方法试图合成这种元素的努力却在十多年后才成功。方

笔记栏

法是巧妙的，用高能量质子轰击铀-238，在短暂的融合后发生核裂变，放出6个质子和21个中子后，剩下的就是钫的另一个同位素钫-212。遗憾的是，在至今合成和发现的钫的34个同位素中还没有长寿的，寿命最长的就是佩雷发现的那个钫-223，半衰期有22分钟。正因为钫的所有同位素都是高放射性的，在地球形成后的任何时刻，地壳中钫的含量很少，而研究用的钫也都是实验室现制的。

唠叨完了钫的发现史，现在该谈谈其同样浪漫的性质了。和其他碱金属不同，钫单质是红色的。钫熔点是27℃，只差一点点就要成为除汞外第二个常温（25℃）下呈液态的金属了。哎，真可惜，这个任务只能交给未来的119号元素了。钫的成盐性质与铯类似，但是由于其极化能力较强，当铯与钫化合的时候，铯会偏向正电性，所以虽然铯和钫的电负性接近，但是现在更倾向于认为铯的电正性是比钫强的。

钫在理论层面上的用途很大，虽然其寿命极其短暂，但是已经足够证明量子力学对于原子能级的计算在钫中的正确性了，这对于理论化学的发展有着很重要的意义。

（flyingbaby，方润亭）

笔记栏

88. Ra 镭 Radium

我是个低调不爱出风头的元素，这一点和发现我的居里夫人一样。若不是有人一而再再而三地请我写自传，我宁愿永远待在元素大厦底层过着宁静不为人知的生活。

我是碱土家族中最活泼的一位。因为拥有一身炫酷的银白色大衣，我很容易吸引大家的目光。但一旦暴露在空气中，我就会迅速拉上氮老弟和氧老弟，生成黑色的氮化镭或白色的氧化镭，变成最普通的样子。遇到水，我也会生成氢氧化镭和氢气，从而隐藏自己。

正如我的名字“射线”（拉丁文 Radius），我和我所有的同位素都具有很强的放射性，能够衰变成钋或者其他原子，放射出 α 和 γ 射线。虽然自知论放射性比铀强百倍，但任凭铀、钍两家耀武扬威，我却一直保持沉默，整日和黑色的沥青为伴。直到一天早晨，我遇到了自己命中的伯乐——居里夫妇。从那时起的每一天，我都见到居里夫妇在简陋的木棚里乐此不疲地做研究。终于，在 1898 年我决定以氯化镭的身份与世人见面。之后，居里夫人又提取出了单质镭，并且提出了镭疗法，利用我和我的衰变产物能发射 γ 射线的特点，治疗癌症。从此，我的身价迅速提高。

但居里夫妇并没有借此发家致富，他们放弃了专利权，无私地公开了研究结果，他们认为“镭的发现不应该只是为了增加任何个人的财富。它是一种天然的元素，应该属于整个人类”。当那些工厂主们因为掌握了镭的提取方法而暴富之际，可亲可敬的居里夫妇依然过着困苦的生活，甚至缺少用于研究的

笔记栏

镭。但幸运的是，不仅是我，成千上万的美国民众也感动于居里夫妇的崇高品格，在不到一年的时间里就捐赠出可购买 1 克镭的款项。我深深地为居里夫妇人格的伟大而感动，同时也深深感受到一个具有崇高灵魂并为人类社会做出巨大贡献的人必将永远受到全世界人民的尊敬和爱戴。

但同时，不得不提的一点是，我虽然能破坏人体内的恶性组织，也会破坏良性组织。并且，我能取代钙元素在骨骼中富集，急性中毒时可能造成骨髓损伤和造血组织的严重破坏，有剧毒。

（changqing，沈星宇）

笔记栏

89-103. Ac-Lr 锕系元素 Actinide

元素的世界写到这里，已经接近尾声了。今天的主角是住在同一间屋子里的另一个家族——锕系元素。和镧系一样，他们也是15个兄弟姐妹住在朝阴面儿的另一排平房里。和镧系不同的是，这个家族的元素个个都有放射性，以至于大部分成员无法在自然界中找到踪迹，只能在实验室里得到。至于他们的化学性质，则更令人感到云里雾里。不过正是因为这个原因才使得他们中的一些成员在核化学工业中大显身手。

元素命名和发现史

锕系元素中只有前几个元素在自然界中存在。最早被发现的是铀，是1789年M.H.克拉普罗特从沥青铀矿中发现的，他把这种元素命名为Uranium，源自1781年刚刚发现的天王星（Uranus）。然后是钍，J.J.贝采利乌斯于1828年从黑色花岗岩中发现，钍的命名源自北欧神话中的雷神托尔（Thor）。老大哥锕则是1899年巴黎大学教授A.-L.德比埃尔从沥青铀矿分离出铀和钋后，在稀土元素的残渣中发现的。Actinium这个词源自希腊文Aktis，意思是“放射”。

镤的发现史则是比较混乱。1913年美国化学家K.法扬斯等发现了镤-234，不过发现这个核素时其半衰期很短，只有1.17分钟。1917年德国的O.哈恩和英国的F.索迪等人各自独立发现了长半衰期的镤-231，并命名为

笔记栏

Protactinium，源自希腊文 Proto 和 Actinium。这个名字最终被接受并沿用至今。

92 号元素铀以后的元素统称超铀元素，这些元素在自然界中很难找到踪影，最早都是在实验室中用放射化学的方法制造出来的。镎是美国的 E.M. 麦克米伦和 P.H. 艾贝尔森于 1940 年制造出来的。其他的则是从 1940 年到 1961 年间，美国的 G.T. 西博格、R.A 詹姆斯、A. 吉奥索、S.G. 汤普森等人制造出来的。这些元素的命名也很有意思。镎和钚是铀之后的两个元素，故而命名为 Neptunium 和 Plutonium，词源是海王星（Neptune）和冥王星（Pluto）。镅的名字 Americium 则是由美洲（America）得来的。锫和锎的英文名字 Berkelium 和 Californium 则是为了纪念美国的伯克利大学（Berkeley）和加州大学（California）。剩下的元素则是以物理界和化学界的泰斗的名字来命名的：

锔（Curium）——居里夫妇（Curie）

锿（Einsteinium）——爱因斯坦（Einstein）

镄（Fermium）——费米（Fermi）

钔（Mendelevium）——门捷列夫（Mendeleyev）

锘（Nobelium）——诺贝尔（Nobel）

铹（Lawrencium）——劳伦斯（Lawrence）

性质

锕系元素单质都是银白色、高熔沸点的典型金属，常见化合价为 +2 ～ +4 价。值得一提的是锕系元素的放射性。锕系元素有一半多是在实验室中制造的，有的半衰期相当短。镎 -237 的半衰期是 214 万年，锫 -247 是 1400 年，锿 -254 就只有 276 天了，锘 -259 只有 58 分钟，铹 -260 就只有 3 分钟了，铹后的元素更惨，104 号元素出生 1 分钟左右就“不翼而飞”了，这样短的寿命，当然不会有太多的产量，例如镅一年造出几克就已经算是很多了。但是，比较稳定的元素，例如铀和钚，在当今世界具有举足轻重的作用，他们甚至可

笔记栏

以影响整个世界的格局。比如投在日本广岛和长崎的那两颗原子弹加速了战胜日本法西斯的进程。

用途

锕主要用作航天器中的热源。

钍及其化合物在核能、航天航空、冶金、化工、石油、电子工业等众多领域都有重要应用。钍还有一个很有意思的用途就是用作煤气灯罩。将苎麻纱罩在饱和的硝酸钍溶液里浸过后，罩在煤气灯上，灯罩受高温分解，最后剩下一个硬邦邦的二氧化钍的罩子。二氧化钍受高温激发，会射出白色的光，所以这样的煤气灯格外的亮。不过这种灯一般只能在偏远的小山村中见到，我们平时见到的路灯当然不会是这样的。

镤 -233 在能源技术中具有重要意义。铀主要用作核燃料。

镎主要用来制备钚 -238。

钚 -239 是易裂变核素，是重要的核燃料；钚 -238 可用于制作同位素电池，是广泛应用于宇宙飞船、人造卫星、极地气象站等的能源。

镅同位素中用途最大的是镅 -241，主要用于制造中子源，还用于密度测定、探伤照相和做荧光分析仪的激发源；其次是镅 -243，用于在高通量反应堆中生产超钚元素。

用途最大的锔同位素锔 -242 和锔 -244，主要用作同位素能源；锔 -244 还是在高通量反应堆中制造超锔元素的原料。

锫及以后的元素，由于产量很少，半衰期也很短，所以目前只能用于科学研究了。

（methylation，张欣睿）

笔记栏

104-118. 锕系后元素 Transactinide

前面的元素，每一个都有自己的一段神话。它们有着各种各样的化学性质，能组成各种各样的物质。可是最后给大家介绍的锕系后元素，可要让大家失望了——别说性质和用途，就是想多看它们几眼，都很困难呢。

自从人们发现了还算比较稳定的铀元素，一直认为这就是周期表的终点（那时对于物质结构的了解远不如今天这样深刻）。在铀后面还有没有新的元素呢？如何去创造元素呢？人们发现，如果用质子流、α 粒子流或其他原子核的粒子流去轰击原子核，可以得到比原来的原子序数更大的原子，也就是说，可以用这种方法创造新元素。人们确实这样做了。

1969 年，在具有传奇色彩的劳伦斯－伯克利实验室，用动能为 69 兆电子伏的碳 -13 轰击锎 -249，得到了 104 号元素，元素符号 Rf，它仅仅存在了 0.15 ～ 0.3 秒就衰变成其他元素。之所以起名字叫 Rf，是为了纪念 E. 卢瑟福，一位原子论的先驱。

1970 年，杜布纳联合核子研究所，用氖 -22 轰击镅 -243，得到了 105 号元素，元素符号 Db。

1974 年，在劳伦斯－伯克利实验室和杜布纳联合核子研究所，人们几乎同时得到了 106 号元素，元素符号 Sg。

1976 年，还是在杜布纳联合核子研究所，苏联人用铬 -54 轰击铋 -204，得到了 107 号元素，但它只存在了千分之二秒就衰变。1997 年国际纯粹与应用化学联合会（IUPAC）将其命名为 Bh，以纪念丹麦核物理学家 N. 玻尔。

笔记栏

1984 年，在当时联邦德国的重离子研究实验室，人们得到了 108 号元素，元素符号 Hs。

这个重离子研究实验室大有来头，其诞生的元素远不止 Hs 一个。在更早的 1982 年，同样一个地方进行的铁 -58 轰击铋 -209 的实验中，得到了 109 号元素，元素符号 Mt，这个名字是为了纪念女科学家 L. 迈特纳所定的。她与合作者发现了元素镤，并分离出了铀核，并且给“裂变”下了一个明确的定义。

十余年后，1994 年，研究人员分别用镍 -62、镍 -64 轰击铅 -208，得到了 110 号元素的两种同位素。而当研究人员将被轰击的靶材从铅 -208 换成铋 -209 时，镍 -64 和铋 -209 之间核的碰撞也自然地产生了 111 号元素。元素符号为 Rg，以纪念德国的物理学家 W.K. 伦琴。伦琴是 X 射线的发现者，这一发现直接影响了 20 世纪许多重大的科学进展，而如今 X 射线还在影响着人们的生活，例如医院拍摄的 X 光片就是 X 射线成像的临床应用。X 射线也有着伦琴射线的别称。

1996 年，依然是在同一个实验室，采用锌 -70 原子核轰击铅 -208 靶材时，研究人员观察到了具有 112 个质子、166 个中子的新元素核，它迅速失去了一个中子，成了这种新元素略微稳定一些的同位素。为了纪念著名天文学家，日心说的提出者 N. 哥白尼，元素符号被定为 Cn。

20 世纪最后和 21 世纪最初的几年间，杜布纳联合核子研究所接过了创造新元素的接力棒，在这个研究所中诞生了许多的超重元素，其探索也突破了周期表中过渡元素，来到了主族元素中。来自不同国家的团队在杜布纳联合核子研究所共事，他们分别创造性地使用钚、镅、锫等放射性元素的靶材，用钙的同位素原子核进行轰击实验。从 113 号到 115 号的三种元素，均在这一研究所创造出来，元素符号分别为 Nh、Fl、Mc。值得一提的是，113 号元素 Nh 最初作为 Fl、Mc 的衰变产物被工作者们观察到，但对 113 号元素的直接核反应合成，则归功于日本理化研究所。

另外，杜布纳联合核子研究所也参与了 116 号元素的发现，他们和美国的劳伦斯利弗莫尔国家实验室共同合作发现了 116 号元素，并为了纪念劳伦斯利

笔记栏

弗莫尔国家实验室，将元素符号定为 Lv。

最终，117 号元素 Ts 和 118 号元素 Og 也加入了元素周期表的大家族中。它们的发现，汇集了来自各地、各个重要核研究所的工作，来自世界各地的科研工作者们共同补全了元素周期表第 7 周期的最后一角。

……

创造元素的工作还在继续。人们同时也在自然界中寻找新元素。对于那些有着特殊质子数和中子数的原子核，人们相信会有较长的半衰期，它们被称为“超重元素”。寻找超重元素的途径主要有两个：一是在组成地球的物质中发现（这需要半衰期大于 109 年），二是在宇宙线中探索（这需要半衰期大于 105 年）。对于那些不可能稳定存在的原子核，人们只能用轰击的办法在实验室合成。这也注定了它们的命运只能是科学家的“玩物”而不能有任何实际用途，因为它们一生下来就要死了。这一类的原子，因为“朝生暮死”，所以要有特殊的方法检测。一般是通过探测原子核的裂变径迹或裂变产物，以间接证明某一种原子核确实“存在过”。它们的性质，一般不能用常规的化学方法去研究，因为在表征过程中，它们已经衰变了。这些元素性质的获得，一般是采用计算化学的手段，如自洽场方法，可以获得元素近似的性质。

周期表还在不断地丰富，它有终点吗？

……

元素周期表的终点将是一个十分神秘的话题，等待着我们去思索、讨论和创造。

（Liuboy，张欣睿）

再版小记

2005年夏天北大未名BBS的CCME（“化学与分子工程学院”的缩写）版上，同学们自发组织了“元素的世界”科普创作活动，作者主要是当时北京大学化学与分子工程学院（简称化学学院）的在读本科生和研究生。此活动成为北大未名BBS史上的一个现象级事件，影响可谓深远。2006年，化学学院学生会在化学文化节前夕将未名BBS上“元素的世界”相关的帖子整理成册，一时成为师生间广受称赞的收藏品；2010年，在北京大学化学学科创立百年之际，《元素的世界》修订后在中国大百科全书出版社出版，成为热销的科普读物，广受好评。新书上架即售罄，有一些家长还辗转找到我，想托我购买此书。

转瞬间十年过去了，中国大百科全书出版社的刘杨编辑先后找了我本人及化学学院的领导，希望将《元素的世界》修订再版，为北京大学化学学科创立110周年献礼，也使更新后的内容更好地服务于读者。时间紧迫，修订任务压力不小，幸得同学们出手相助。感谢以化学学院2016级本科生张欣睿为首的多位同学，他们花费了大量的时间和精力，对每一个元素的文稿都进行了仔细地检查、更新、补充和改写。这次修订正发生在他们毕业的年份，希望能在他们心里留下长久的美好记忆。

元素构成了浩瀚而神秘的宇宙，人类居住的美丽的地球，与我们衣食住行相关的每一个物体，植物、动物和我们的身体。当然，你正在读的这本书也是由若干种元素组成的。希望这本书能够带你领略元素世界的神奇和美妙，引领你去探索有无穷秘密的未知的元素世界。

感谢为本书出版和再版做出贡献的各位同学和同事！感谢中国大百科全书出版社的编辑们！

李　彦

2020年11月29日凌晨于北京大学化学楼